コンピュータのしくみ

吉川　雅弥　共著
泉　　知論

コロナ社

まえがき

　我々の身の回りには，マイコンをはじめとしてさまざまなコンピュータがあり，日々の生活においてそれらのコンピュータを使っている。「どのようなものにコンピュータが使われているか？」という質問には，多くの人が即答できると思うが，「コンピュータはどのように動作するのか？」という質問には，答えに困る人が出てくると思う。そこで本書は，大学生や若手技術者を対象に，コンピュータのしくみを説明したものである。1章ではコンピュータの構成や動作原理について概説し，2章ではコンピュータの中での情報の表現方法について詳細に説明している。また，3章ではコンピュータのさまざまな機能を実現する論理演算について解説し，4章ではデータを保持する機構と，演算器や記憶装置の接続方法について説明している。また，5章では演算について，その原理とハードウェアでの構成方法について説明し，6章ではアセンブリ言語について説明している。このアセンブリ言語は，一般的に機種によって異なるが，本書では経済産業省の情報処理技術者試験の受験も考えて，当該試験で用いられる CASL II を使用している。最後に，7章ではコンピュータの中の演算器などをどのように制御するかについて解説している。

　すべての章を勉強することで，「コンピュータはこのように動作する」と，自信を持って答えられるようになると考える。大学や高専での教科書，若手技術者の参考書として利用していただければ幸甚である。本書では，著者らの大学におけるこれまでの講義での学生の理解度を鑑みて，動作原理などを解説している。重要な部分については，例題を付けているので，ぜひ解いてもらいたい。また，発展的な内容については「コーヒーブレイク」に書いてあるので，より掘り下げて学習したい場合には，「コーヒーブレイク」も熟読してもらいたい。

　本書の執筆にあたっては，数多くの関連する専門書を参考にさせていただい

た。主要なものについては，関連する内容ごとに巻末に挙げている。漏れているものもあるかと思うが，その点はご容赦願いたい。

　本書の出版にあたって，コロナ社の関係各位には叱咤激励も含めていろいろとお世話になり感謝したい。また，本書での図の作成にあたり，野崎佑典氏には全面的に協力していただいた。ここに深く感謝申し上げる。

2016 年 12 月

吉川雅弥，泉　知論

目　次

1.　コンピュータの基礎

1.1　コンピュータの構成 …………………………………………　 1
1.2　命令セット …………………………………………………… 　2
1.3　プロセッサの基本動作 ……………………………………… 　5
1.4　アドレッシング ……………………………………………… 　9
1.5　記憶装置 ……………………………………………………… 　14
1.6　接続方法 ……………………………………………………… 　15
1.7　性能評価 ……………………………………………………… 　16
　　章末問題 ……………………………………………………… 　20

2.　情報の表現

2.1　位取り記数法 ………………………………………………… 　22
2.2　数の接頭語 …………………………………………………… 　23
2.3　ビットとバイト ……………………………………………… 　24
2.4　基数変換 ……………………………………………………… 　26
2.5　負数表現 ……………………………………………………… 　30
2.6　負数の演算 …………………………………………………… 　33
2.7　コード ………………………………………………………… 　37
2.8　実数表現 ……………………………………………………… 　42
2.9　浮動小数点数の演算 ………………………………………… 　47

2.10	数値演算の誤差	49
章末問題		51

3. 論理の世界

3.1	集合	53
3.2	命題	56
3.3	論理での演算	62
3.4	論理関数	63
3.5	標準形	65
3.6	論理関数の表現方法	68
章末問題		71

4. 記憶と接続

4.1	レジスタ	72
	4.1.1　SR ラッチ	74
	4.1.2　D ラッチ	76
	4.1.3　マスタスレーブ型 D フリップフロップ	78
	4.1.4　セットアップタイムとホールドタイム	79
4.2	接続	81
	4.2.1　セレクタ	82
	4.2.2　バス	83
4.3	メモリ	87
	4.3.1　メモリの種類と特徴	87
	4.3.2　プロセッサとメモリ	89
	4.3.3　アドレス空間と共有	92
	4.3.4　メモリマップド I/O	94
	4.3.5　DMA	95

4.3.6　キャッシュ……………………………………………………… 97
　　　4.3.7　インタリーブ……………………………………………………… 99
　章　末　問　題 ……………………………………………………………… 99

5. 演　　　算

5.1　加　　算　　器 ………………………………………………………… 102
5.2　加　減　算　器 ………………………………………………………… 106
5.3　フ　ラ　グ ……………………………………………………………… 108
5.4　シフトとローテート …………………………………………………… 110
5.5　ALU …………………………………………………………………… 115
5.6　乗　　　　　算 ………………………………………………………… 116
章　末　問　題 ……………………………………………………………… 123

6.　コンピュータの言葉

6.1　CASL II と COMET II ……………………………………………… 126
6.2　CASL II の命令 ……………………………………………………… 130
　　　6.2.1　データ転送命令 …………………………………………………… 131
　　　6.2.2　算術・論理演算命令 ……………………………………………… 133
　　　6.2.3　比　較　命　令 …………………………………………………… 136
　　　6.2.4　シ　フ　ト　命　令 ……………………………………………… 137
　　　6.2.5　分　岐　命　令 …………………………………………………… 138
6.3　プログラムの記述方法 ………………………………………………… 139
6.4　基本的なプログラムの例 ……………………………………………… 142
6.5　CASL II と機械語 …………………………………………………… 148
6.6　機械語と主記憶 ………………………………………………………… 152
章　末　問　題 ……………………………………………………………… 155

7. 制　　御

7.1 有限状態機械 ………………………………………………… 157
7.2 制御回路とデータパス ………………………………………… 159
7.3 高度な制御 …………………………………………………… 162
7.4 割込みと例外 ………………………………………………… 167
　7.4.1 割　込　み ……………………………………………… 167
　7.4.2 例　　　外 ……………………………………………… 173
章　末　問　題 …………………………………………………… 174

付　録 ── COMET II と CASL II の仕様 ── …………………… 175
引用・参考文献 …………………………………………………… 184
索　　引 …………………………………………………………… 187

1 コンピュータの基礎

本章では，コンピュータの基本的な動作原理を理解するために，まず，コンピュータを構成する要素について概説し，つぎに命令の実行について説明する。また，命令をコンピュータの中でどのように表すかについても概説する。さらに，コンピュータの性能指標についても解説する。

1.1 コンピュータの構成

現在，使用されているコンピュータ（計算機）の多くは，ノイマン型と呼ばれるタイプである。ノイマン型コンピュータでは，必要な命令を記憶装置から読み出し，演算を行い，結果を指定された場所に格納する。この基本動作を繰り返すことで，全体として複雑な処理を可能にする。

ノイマン型コンピュータの構成要素を図 1.1 に示す。基本的には，入力装置，記憶装置，演算装置，制御装置，出力装置の五つで構成する。命令の集まりであるプログラムやデータは記憶装置に格納する。記憶装置から読み出した命令

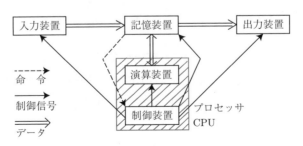

図 1.1 ノイマン型コンピュータの構成要素

は制御装置で実行する．命令の実行によって，記憶装置から読み出したデータは演算装置で適切な演算を行い，演算結果を記憶装置に書き込む．キーボードやマウスなどの入力装置，ディスプレイやプリンターなどの出力装置は，記憶装置とコンピュータ外部とのデータのやり取りを行う．また，ハードディスクなどの外部記憶装置も入出力装置の一種である．

一般的に，制御装置と演算装置の二つをあわせてプロセッサ，または中央処理装置（central processing unit，CPU）と呼ぶ．CPU 内部や記憶装置では一定の長さのデータを単位として処理する．これを語（word）と呼び，その長さを語長という．

1.2 命令セット

コンピュータでは，図 1.2 に示すようにトランジスタの ON と OFF により電圧を切り換え，電圧の高と低を 1 と 0 に対応させ，その出力によって動作する．

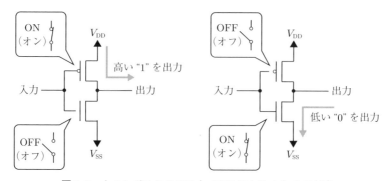

図 1.2　トランジスタの ON と OFF による 1 と 0 の対応

ここで，0 と 1 の 2 進表示で命令やデータなどを表す言語を機械語（マシン語）と呼ぶ．この機械語による命令はプログラムを構成する最も基本となる操作であり，コンピュータが直接解釈して，内容を実行できるように規則的な形式を持っている．これを命令形式と呼ぶ．

一方，機械語は，コンピュータで直接実行される記述（コード）であるため，

人間にはわかりにくく，プログラムの変更や修正なども非常に困難となる。そこで，人間に理解しやすいように，ニモニック（mnemonic）と呼ばれる機械語の命令の内容に対応した英単語や略語を用いて，命令を表現する方法をアセンブリ言語（assembly language，アセンブラ言語ともいう）という。ただし，アセンブリ言語は機械語とは異なり，コンピュータが直接に受け付けることはできないので，機械語に変換する必要がある。その変換処理（翻訳処理）を行うのがアセンブラ（assembler）である。アセンブリ言語と機械語の対応関係の例を図 1.3 に示す。

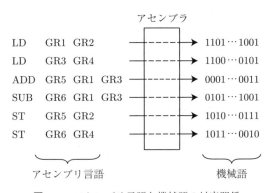

図 1.3　アセンブリ言語と機械語の対応関係

アセンブリ言語における命令は，基本的に機械語の命令に 1 対 1 に対応し，オペコード（operation code）と呼ばれる命令操作コードと，オペランド（operand）と呼ばれる演算実行の対象となるデータ（またはそれが入っている場所）で構成される。これら，オペコードやオペランドで表記したものをニモニックと呼ぶこともある。

例えば，「変数 A の内容と変数 B の内容を加算して，変数 C に格納する」という命令があった場合，機械語では「001010 …」のように，0 と 1 の 2 進数表現になるが，アセンブリ言語の場合，「ADD GR1 GR2 GR3」というように表現することができる。この例では，ADD がオペコードであり，GR1，GR2，GR3 がオペランドである。演算の種類をどのくらい用意するか，また，演算結

果によって処理の流れをどのように制御するかなどによって，必要となる命令の数も増えてくる．一般的な命令を**表 1.1** に示す．

表 1.1　一般的な命令

命令の種類	命令の内容
演算命令	算術演算，論理演算，シフト演算，比較演算
制御命令	プログラムの実行や処理の流れを制御
データ転送命令	記憶装置間でのデータ転送
入出力命令	外部装置や周辺装置との間のデータ転送
特殊命令	割込みなどの異常処理によるプログラムの中断・制御

　表に示すように用意している命令群を命令セットと呼び，各コンピュータで命令セットは異なる．逆に，命令セットが同一であるということはソフトウェアが共通化できる可能性を示している．すなわち，コンピュータのハードウェアの詳細が異なっていても，ソフトウェアから見えるコンピュータの論理的仕様は同一であることを意味する．

　そのため，この命令セットについては，①ソフトウェアでは命令セットをどのように使用するのか，②ハードウェアでは命令セットをどのように実現するのかという両面を考慮することが重要である．ソフトウェアで使用されない命令を定義することはむだであり，ハードウェアで実現することが困難な命令を定義することは，ハードウェアのコストを増大させる．このように，命令セットの決定には，ハードウェアとソフトウェアのバランスが重要である．

　オペコードが，「加算せよ」や「転送せよ」という動作の種類を表すのに対して，「GR1とGR2」などの処理の対象を表すのがオペランドである．そのため，**表 1.2** に示すように，命令によって必要となるオペランドの数が異なる．最も短い命令は 0 オペランド形式で，例えば「停止せよ」といった命令がある．一

表 1.2　命令によるオペランド数の違い

オペランド数	命令形式
0 オペランド形式	オペコード
1 オペランド形式	オペコード ＋ オペランド
2 オペランド形式	オペコード ＋ オペランド ＋ オペランド
3 オペランド形式	オペコード ＋ オペランド ＋ オペランド ＋ オペランド

方，最も長い命令は，3オペランド形式で，「変数 GR1 の内容と変数 GR2 の内容を加算して，変数 GR3 に格納する」などがこれに相当する。

命令は記憶装置に格納されるため，命令の長さも語長を基準として決められる。すべての命令の長さを固定としたものを固定長命令と呼び，命令の種類によって命令の長さが変わるものを可変長命令と呼ぶ。このように，固定長命令では一つの命令は単純化して高速処理を可能にし，複数の固定長命令の組合せによって複雑な機能を実現する。一方，可変長命令では一つの命令で複雑な機能を処理する。

例題 1.1　命令形式に関して，正しい文章の番号を答えなさい。ただし，一つとは限らない。

(1)　一つの命令に，オペコードは三つ書くことができる。
(2)　命令によって，オペランドの数が決まっている。
(3)　オペコードとオペランドの順番は決まっている。
(4)　オペコードを省略することができる。

【解答】
(1)　間違い。一つの命令に，オペコードは一つだけ。
(2)　正しい。
(3)　正しい。
(4)　間違い。オペコードは省略することはできない。
　したがって，答えは，(2) と (3)。　　　　　　　　　　　　　

1.3　プロセッサの基本動作

CPU は制御装置と演算装置で構成するが，その内部の構成を**図 1.4** に示す。CPU ではプログラムを構成する各命令を，記憶装置から 1 個ずつ読み出して実行する。この命令の実行に必要な一時的な記憶場所としては，レジスタ（p.73 の「コーヒーブレイク」を参照）と呼ばれる小容量の記憶装置が用いられる。

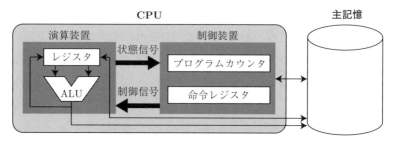

図 1.4　プロセッサ（CPU）の構成

　一方，CPU 外部に，主記憶と呼ばれる記憶装置があり，プログラムは主記憶に格納されている。プログラムを構成する各命令を主記憶から読み出して CPU で適切な順番で実行するには，現在実行中の命令のアドレスを CPU 内に記憶しておく必要がある。ここで，「アドレス」とは，命令やデータが格納されている主記憶の「記憶場所」を示す。主記憶にアクセスするためには，必ずこのアドレスを使ってアクセスする。そのためのレジスタをプログラムカウンタ（PC），あるいはプログラムレジスタ（PR）と呼ぶ。また，主記憶から読出し命令を格納する CPU 内のレジスタを命令レジスタ（IR）と呼ぶ。命令レジスタに格納された命令は，適宜，解読され，当該命令の処理を制御する信号が生成される。

　CPU 内部の演算装置には，四則演算や論理演算を行う演算ユニット（arithmetic logic unit，ALU）がある。ALU は一般に二つの入力ポートと一つの出力ポートで構成し，入力ポートから入ってくる二つのデータに対して適切な演算を行い，演算結果を出力ポートから出力する。ALU の入出力ポートには，レジスタが接続される。図 1.5 に命令の実行の例を示す。ここで，命令の読出し・実行・つぎの命令の準備までの，一つの命令の処理を命令サイクルと呼ぶ。プログラムの実行は命令サイクルの繰返しである。

　具体的な命令サイクルの処理ステップは，一般的に表 1.3 に示す 7 ステップで構成される。一つの命令サイクルは，(1) と (2) の「命令の取得」と，(3)〜(6) の「オペランドの処理」に分かれる。

　まず，命令の取得では，(1) プログラムカウンタの内容をアドレスとして主記憶から命令を読み出し，その命令を命令レジスタに格納する。そして，(2) その

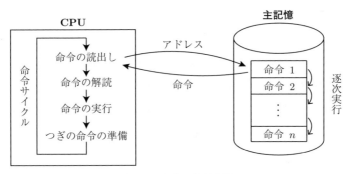

図 1.5　命令の実行方法

表 1.3　命令サイクル

処　理	ステップ	内　容
命令の取得	(1)	主記憶からの命令の読出し
	(2)	命令の解読
オペランドの処理	(3)	アドレスの計算
	(4)	オペランドの読出し
	(5)	命令の実行
	(6)	結果の格納
つぎの命令の準備	(7)	プログラムカウンタの更新

命令をデコーダを使用して解読する．デコーダとは，あらかじめ用意された命令に対して，制御信号を選択する回路である．この選択された信号によって制御装置が当該命令に対応する処理を実行する．

つぎに，(3)〜(6) のオペランドの処理では，オペランドの読出しや結果の書込みに必要なアドレスを計算する．計算したアドレスを利用して，主記憶またはレジスタからオペランドを読み出す．その後，解読した命令の内容（例えば，加減算，乗除算などの四則演算および論理演算）に従い，データに対する演算や加工を行い，その結果を主記憶またはレジスタに格納する．最後に，つぎの命令のアドレスを計算し，プログラムカウンタに設定する．

基本的な動作は，(1)〜(7) の繰返しで，実際のコンピュータでは，いくつかのステップを同時に実行する．これらの処理ステップの制御を行う制御装置には，二つの構成方式がある．一つはマイクロプログラム制御方式（microprogrammed control）で，もう一つは，布線論理制御方式（wired logic control）である．

マイクロプログラム制御方式では，制御メモリに格納されたマイクロプログラムをつぎつぎに読み出すことで制御信号を生成する。マイクロプログラムとは，表 1.3 に示した命令サイクルの各処理を実行する操作系列のことである。

一方，布線論理制御方式は，フリップフロップなどの記憶素子と組合せ論理回路からなる順序回路で構成される。この方式では，図 1.6 に示すように，組合せ論理回路に入力された信号と現在の状態によって，出力信号とつぎの状態を計算する。

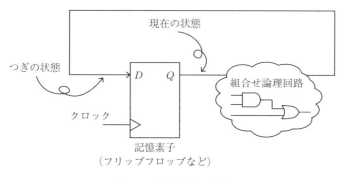

図 1.6　順序回路の構成

コーヒーブレイク

RISC と CISC

コンピュータの命令セットアーキテクチャの設計指針として，代表的なものに RISC (reduced instruction set computer) と CISC (complex instruction set computer) がある。RISC は (1) 命令の種類を減らし，(2) 一つの命令での実行できる処理も減らし，(3) 固定命令語長にすることで，回路を単純化し，演算速度を向上させる（動作周波数を上げる）ことで性能向上を図るアーキテクチャのことである。

一方，CISC は (1) 可変長命令で，(2) 一つの命令で複数の処理を行うことを可能としているアーキテクチャのことであり，少ない命令でプログラムを実行することができる。

例題 1.2 命令の実行方法に関して，正しい文章の番号を答えなさい。ただし，一つとは限らない。

(1) プログラムを構成するすべての命令は，レジスタに格納されている。
(2) 加算や減算といった四則演算は，ALUと呼ばれる演算装置で行われる。
(3) 演算結果はすべて主記憶に格納する。
(4) マイクロプログラム制御方式では，布線論理で制御を実現する。

【解答】
(1) 間違い。すべての命令は，主記憶に格納されており，主記憶から一つずつ命令を読み出し，CPU内の命令レジスタに格納する。
(2) 正しい。
(3) 間違い。演算結果は，主記憶に格納する場合もあるが，レジスタのみに格納する場合もある。
(4) 間違い。マイクロプログラム制御は，布線論理ではなく，メモリを利用する。
したがって，答えは，(2)。　　　　　　　　　　　　　　　　　◇

1.4　アドレッシング

コンピュータの主記憶には，記憶場所を示す番地であるアドレスが付けられていて，このアドレスは絶対アドレス（absolute address）と呼ばれる。プログラムやデータは主記憶に格納されているため，命令の実行には絶対アドレスを指定して，主記憶から必要な情報を読み出さなければならない。また，実行しようとするプログラムの命令やデータが格納されているアドレスを実効アドレス（effective address）といい，その中身は，絶対アドレスと同じである。

一方で，例えば，プログラムの一部を移動したい場合に，絶対アドレスで表していると，すべてのアドレスを書き換える必要がある。そのため，ある基準となるアドレスを決めて，そこを基点としたアドレス（距離）で表せば，その基点となるアドレスを変更するだけでプログラムのすべてを移動できる。この

ようなアドレスを相対アドレス（relative address）といい，基点となるアドレスを基底アドレス（base address）という。

また，固定長命令では，1命令の長さを1語に収めなければならないため，命令内のオペランドの長さは，1語より短くなる。例えば，1語32ビットのコンピュータでは，アドレス空間は，一般的に32ビットで表される。

このように，命令のオペランドとして主記憶アドレスを指定する場合は，アドレス空間内の任意のアドレスをオペランドで直接指定することができない。そのため，命令形式に応じたアドレッシングと呼ばれるいくつかのアドレスの指定方法を用いる。代表的なアドレッシングには，以下の六つがある。

〔1〕 **即値（アドレス）**　オペランドのアドレス部の内容が処理するデータ自体である。即値アドレスの場合，主記憶装置を参照することなく，命令を直接に実行することができる。

〔2〕 **直接アドレス指定**　オペランドのアドレス部に，処理対象となるデータが入っている主記憶のアドレスが書かれている。この主記憶のアドレスは，絶対アドレスで書かれている場合と相対アドレスで書かれている場合がある。

絶対アドレスで書かれている場合は，プログラムを移動させたとき，アドレスも書き直さなければならない。図 1.7 に直接アドレス指定方式の例を

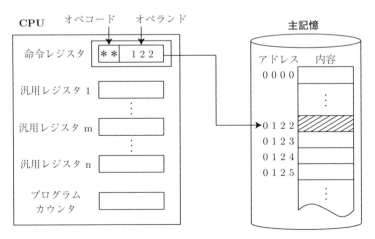

図 1.7　直接アドレス指定方式

示す。

〔3〕 **間接アドレス指定**　オペランドのアドレス部には，処理対象となるデータが格納されている主記憶のアドレスが記されている。この指定方式では，主記憶装置に2回アクセスする必要があり，時間がかかる。

しかし，固定長命令では，直接アドレス指定よりビット幅が大きいアドレス指定が可能である。**図 1.8** に間接アドレス指定方式の例を示す。

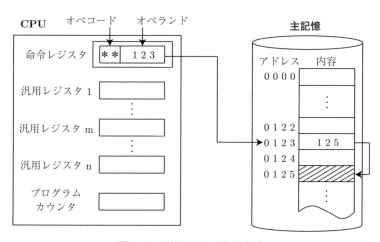

図 1.8　間接アドレス指定方式

〔4〕 **レジスタ・アドレス指定**　オペランドのアドレス部にはレジスタの番号が記されており，そのレジスタに処理対象となるデータが格納されている主記憶の番地が格納されている。**図 1.9** にレジスタ・アドレス指定方式の例を示す。

〔5〕 **インデックス・アドレス指定**　オペランドのアドレス部は二つの部分から構成されている。一つは基点となるアドレスが格納されているレジスタの番号を，もう一つは，その基点からのアドレス（距離）をそれぞれ格納している。

ここで，基点が格納されているレジスタをインデックスレジスタまたは指標レジスタという。実効アドレスは指定されたインデックスレジスタの内容とア

12   1. コンピュータの基礎

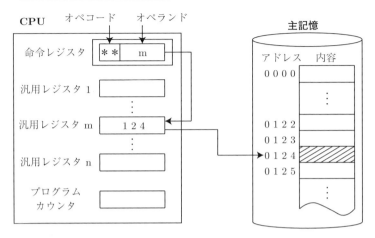

図 1.9　レジスタ・アドレス指定方式

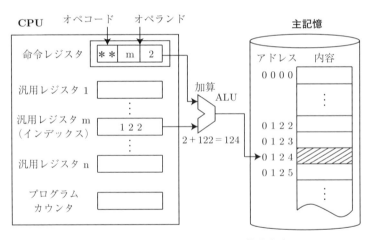

図 1.10　インデックス・アドレス指定方式

ドレス部の内容を加えることにより求めることができる。図 1.10 にインデックス・アドレス指定方式の例を示す。

〔6〕 **自己相対アドレス指定**　プログラムカウンタには，現在実行中の命令のつぎに実行すべき命令の番地が格納されている。自己相対アドレス指定では，このプログラムカウンタの値に，オペランドのアドレス部を加えたものを，実効アドレスとする。図 1.11 に自己相対アドレス指定方式の例を示す。

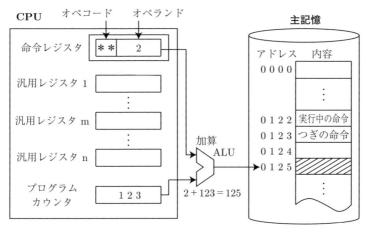

図 **1.11** 自己相対アドレス指定方式

例題 1.3 アドレッシングに関して，正しい文章の番号を答えなさい。ただし，一つとは限らない。

(1) 直接アドレス指定方式では，処理するデータがオペランドのアドレス部にある。

(2) インデックス・アドレス指定方式では，オペコード部にインデックスとなるレジスタの番号が記されている。

(3) プログラムカウンタは，これまで実行した命令数を数える。

(4) 命令によって，アドレスの指定方式が決まっている。

【解答】

(1) 間違い。処理するデータがオペランドのアドレス部にあるのは，即値アドレス方式。

(2) 間違い。インデックス・アドレス指定方式では,「基点となるアドレス」と「基点からの距離」がアドレス部に示されている。

(3) 間違い。プログラムカウンタは，つぎに実行すべき命令の番地が格納されている。

(4) 正しい。例えば同じ加算処理でも，アドレスの指定方法が異なれば，別の命令になる。

したがって，答えは，(4)。

1.5 記憶装置

コンピュータにはさまざまな記憶装置が用いられている。代表的な記憶装置の記憶容量と処理速度（アクセス速度）を示すと**表 1.4**のようになり，性能の向上と記憶容量の増加は両立しない。高速な記憶デバイスは小容量であり，低速な記憶デバイスは大容量である。そのため，その特性に応じてコンピュータの中でも役割を使い分けている。

表 1.4 記憶容量と処理速度

記憶装置	容量	処理速度
レジスタ	〜1 KB	〜10 ns
キャッシュメモリ	数十 KB〜数 MB	数十 ns
主記憶（メインメモリ）	数 MB〜数 GB	数百 ns
ハードディスク	数百 GB〜数 TB	〜10 ms

　コンピュータ内部に実装され，CPU が直接アクセスできるメモリを内部記憶装置と呼び，主記憶装置（メインメモリ）やキャッシュメモリがこれに当たる。一方，外部記憶装置とは内部記憶装置以外のもので，ハードディスク，USB メモリなどがある。

　一般的なコンピュータでは，メモリの記憶階層を構築して，高速性と大容量を両立している。このメモリの記憶階層では，ある項目が参照されたとき，その項目やそのアドレスに近い項目が，比較的短い時間内に，再び参照される可能性が高いという参照の局所性を利用する。具体的に，記憶階層では CPU の近くに高速・小容量のメモリを配置し，CPU の遠くに低速・大容量のメモリを配置する。このように種類の異なる複数のメモリを組み合わせることで，高速・大容量のメモリを実現する。キャッシュメモリは，このような記憶階層を利用して主記憶に高速にアクセスする機構である。

1.6 接続方法

コンピュータの内部では，特にCPUを中心に，メモリや入出力装置とのデータなどのやり取りが行われる。ここで，データや制御信号の受け渡しのために接続方法を考える。すべての装置を直接に接続する方法が最も安易な方法として考えられるが，接続すべき信号線の数が多くなり，現実的ではない。

そこで，一般的なコンピュータではバス線を設け，これに各装置を接続するバス接続方式を採用している。このバス接続方式では，入力と出力ができるバス線を設け，それぞれのバス線に各装置の入力および出力を接続する。そしてアドレスを指定して，データをやり取りする。**図 1.12** にバス接続の例を示す。

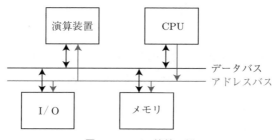

図 **1.12** バス接続の例

┌─ コーヒーブレイク ─

ノイマン・ボトルネック

ノイマン型コンピュータでは，プログラムやデータが主記憶に格納されていて，それを読み出すことで，さまざまな処理を実現する。また，CPUと主記憶とのデータ転送はバスを介して行われる。ここで，バス上のデータ転送速度は，CPUの処理速度に比べて遅い。

そのため，CPUの処理能力を向上させても，バスのデータ転送能力が向上しないと，全体としての性能が向上（処理速度が短縮）されない。つまり，バスのデータ転送能力が，性能向上のボトルネック（ノイマン・ボトルネック）になる。

16   1. コンピュータの基礎

各バス線は同時期に一つの装置のみが使用可能であり，複数の装置から同時に入力または出力することはできない．すなわち，データのやり取りをする装置（デバイス）だけが伝送路を独占しているかのように，バスにつながっているそれ以外のデバイスを絶縁状態にする．

1.7 性 能 評 価

性能を評価する場合には，さまざまな尺度がある．例えば，自動車の場合，エンジンの馬力や燃費だけでなく，積載量，最小回転半径など評価項目が多くある．配達などの荷物を運ぶことを主たる目的とする場合は，積載量が重要な評価項目になるが，配達地域の道が狭い場合は，最小回転半径も重要な評価項目になる．このように，一般的に性能評価は，用途によって異なるため，一つの尺度で行うことは難しい．

一方，コンピュータの場合，代表的な指標としては，処理速度による性能評価がある．ここで，コンピュータにおける性能について，処理速度との対応を考える．一般的に

$$性能 = \frac{1}{実行時間} \tag{1.1}$$

と考える．すなわち，実行時間が半分になれば，性能は2倍になる．

ここで，コンピュータの実行時間について，代表的な計測方法には，①応答時間，②CPU時間がある．応答時間は，I/O動作やメモリアクセスを含めたすべての作業が完了するまでに要する時間のことである．これには，直接関係ない処理のために停止していた時間も含まれる．一方，CPU時間はさらに，③ユーザーCPU時間と，④システムCPU時間に分かれる．ユーザーCPU時間は，ユーザーのプログラムの実行に費やされる時間であり，システムCPU時間は，OSがユーザーのプログラムに関係する作業を実行する時間である．

本節では，ユーザーCPU時間（以降，CPU時間と略記）を対象に説明する．ここで，クロックの時間間隔（サイクルタイム）がクロック周期であり，クロッ

ク周波数は，クロック周期の逆数（クロック周波数=1/クロック周期）である。

あるプログラムの CPU 実行時間は，以下のように定義できる。

$$\text{CPU 実行時間} = \text{CPU クロックサイクル数} \times \text{クロックサイクル時間} \quad (1.2)$$
$$= \text{CPU クロックサイクル数} \div \text{クロック周波数} \quad (1.3)$$

すなわち，コンピュータの性能を上げる（CPU 時間を下げる）には，①クロック周波数を上げるか，②プログラムが必要とするサイクル数を減らせばよい。

ただし，実際には，これら二つを両立することは難しい。一般的に，プロセッサの命令を単純化すると回路が簡単になり，クロック周波数は上がるが，命令に要するサイクル数は増える。逆に，複雑な命令を用いるとサイクル数は減らせるが，クロック周波数は下がる。CPU クロックサイクル数は

$$\text{CPU クロックサイクル数} = \text{実行命令数} \times \text{CPI} \quad (1.4)$$

と表される。実行命令数は，プログラム内で実行される命令数である。また，CPI（clock cycle per instruction）は，各命令を実行するのに必要なクロックサイクル数の平均値である。

例題 1.4 すべての命令が，5 クロックで動作するコンピュータがあるとする。つぎの問題に答えなさい。

(1) クロック周波数が 500 MHz の場合，一つの命令を実行するのに要する時間を求めなさい。

(2) クロック周波数が 500 MHz の場合，1 秒間に実行できる命令の数を求めなさい。

(3) このコンピュータでの CPI を求めなさい。

(4) 100 万個の命令で構成されるプログラムがある。このプログラムを 5 ms で実行するためのクロック周波数を求めなさい。

【解答】

(1) クロック周波数が 500 MHz のため，1 クロック周期は，$1 \div (500 \times 10^6) = 2 \times 10^{-9}$ となる。一つの命令は 5 クロックで動作するので，一つの命令の実行時間は，$(2 \times 10^{-9}) \times 5 = 1 \times 10^{-8}$ =10 ns。

(2) クロック周波数が 500 MHz のため，1 秒のクロック数は，500×10^6。一つの命令は 5 クロックで動作するので，1 秒間に実行できる命令数は，$(500 \times 10^6) \div 5 = 100 \times 10^6 = 1 \times 10^8$ 命令。

一つの命令の実行時間が 10 ns のため，$1 \div (10 \times 10^{-9}) = 1 \times 10^8$ 命令と求めても同じ。

(3) すべての命令が 5 クロックで動作するので，CPI は 5。

(4) プログラムを実行するために必要な総クロック数は，$5 \times (1 \times 10^6)$。求めるクロック周波数を X とすると，1 クロック周期は $1 \div X$ となるため，プログラムの実行時間は，$(5 \times (1 \times 10^6)) \times (1 \div X) = (5 \times 10^6) \div X$ となる。この実行時間を 5 ms とするためには，周波数 X を 1×10^9 =1 GHz とする。 ◇

CPU 時間以外に，性能評価に用いられる単位に，MIPS (million instructions per second) や MFLOPS (million floating-point operations per second) がある。MIPS とは，1 秒間に実行できる命令を 100 万回単位で表したもので，以下のように定義する。

$$\text{MIPS} = 実行命令数 \div (実行時間 \times 10^6) \tag{1.5}$$

コーヒーブレイク

スループットとレイテンシ

どちらも性能指標であり，スループットは単位時間当りの処理能力であり，レイテンシは一つの処理に要する時間（遅延時間）を表す。すなわち，図 1 のようにパイプで考えた場合，パイプの太さがスループットであり，長さ（パイプを通過する時間）がレイテンシである。

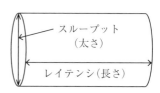

図 1　スループットとレイテンシの関係

1.7 性能評価

上記のように，命令セットが同じ場合，MIPSの値が大きいほうが，高速（CPU時間が短い）である。

MIPSは，計測が容易で，結果を単純に比較できるため古くから用いられている単位であるが，同じコンピュータでも，実行するプログラムによってMIPS値が異なる。さらに，異なるコンピュータどうしの比較では，同一のプログラムを，同一のCPU時間で実行している場合でも，命令数が多いほうが，MIPS値が大きくなる。

MFLOPSとは，1秒間に実行できる浮動小数点演算を100万回単位で表したもので，式(1.6)のように定義される。

$$\mathrm{MFLOPS} \;=\; 浮動小数点演算数 \div (実行時間 \times 10^6) \tag{1.6}$$

MFLOPS値が大きいほうが高性能であるが，MIPSと同様に，実行するプログラムによって値が異なる。また，MFLOPSよりも大きな単位として，GFLOPS（Giga FLOPS = MFOPS $\times 10^3$）やTFLOPS（Tera FLOPS = MFOPS $\times 10^6$）もある。このように，MIPSやMFLOPSでは，プログラムを実行させて計測している。そのため，実行するプログラムも性能評価の観点から重要である。

コーヒーブレイク

そのほかの性能指標

コンピュータの性能評価には，本文で説明したもの以外に，重要なものとして故障に関する信頼性や消費電力による指標がある。信頼性による評価では，平均故障間隔（mean time between failures, MTBF）や平均修理時間（mean time to repair, MTTR）の評価指標を用い，故障率 λ と稼働率 A を

$$\lambda = \frac{1}{\mathrm{MTBF}}, \quad A = \frac{\mathrm{MTBF}}{\mathrm{MTBF} + \mathrm{MTTR}}$$

のように定義される。一方，消費電力による評価では，電池の寿命に関係する電力量と，放熱設計に関係するピーク電力の二つを考慮する必要がある。

信頼性や消費電力に関する詳細については，ほかの専門書を参照されたい。

一般的に，性能評価を目的としたプログラムをベンチマーク（benchmark）プログラムと呼び，さまざまな分野から典型的・代表的なものをバランスを考慮して選択収集されている。このベンチマークプログラムに関して，代表的なものとしてはSPEC（ベンチマークの標準化のための非営利団体）が提供するCINT2000やCFP2000などがある。

章 末 問 題

【1】 アセンブラの動作について，「アセンブリ言語」，「機械語」の単語を使用して，簡潔に説明しなさい。
【2】 複数のコンピュータがあるとき，命令セットが同じであることの利点を述べなさい。
【3】 命令の実行方法について，「プログラムカウンタ」，「オペコード」，「オペランド」の単語を使用して，簡潔に説明しなさい。
【4】 CPUと主記憶が，図1.13の場合におけるアドレッシングについて，つぎの問いに答えなさい。

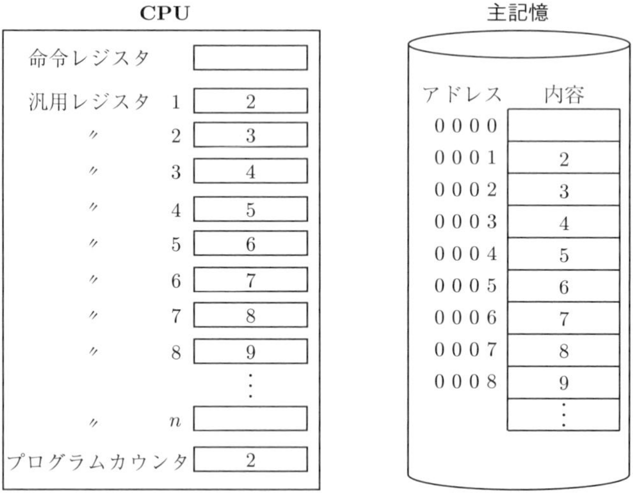

図1.13 レジスタと主記憶の内容例

(1) 直接アドレス指定方式の命令で，オペランドが 1 であった。処理するデータの値を答えなさい。
(2) 間接アドレス指定方式の命令で，オペランドが 2 であった。処理するデータの値を答えなさい。
(3) レジスタ・アドレス指定方式の命令で，オペランドが 3 であった。処理するデータの値を答えなさい。
(4) インデックス・アドレス指定方式の命令で，オペランドが 1 と 2（基点が 1 で，距離が 2）であった。処理するデータの値を答えなさい。
(5) 自己相対アドレス指定方式の命令で，オペランドが 4 であった。処理するデータの値を答えなさい。

【5】 図 1.14 の (1)〜(4) に該当する記憶装置を
   (a) キャッシュメモリ
   (b) ハードディスク
   (c) 主記憶
   (d) レジスタ
の中から選びなさい。

図 1.14　記憶装置の階層構造

【6】 バス接続でのデータのやり取りについて，「データバス」，「アドレスバス」の単語を使用して，簡潔に説明しなさい。
【7】 身の回りで，RS–232C が使われているものについて，調べなさい。
【8】 100 MIPS のコンピュータで，1 ms の時間で実行できる命令数を答えなさい。
【9】 表 1.5 に示すようなプログラムがある。このプログラムの CPI を求めなさい。

表 1.5　プログラムの構成

命令	クロック数	実行数
A	5	1 000
B	4	2 000
C	3	3 000
D	2	4 000

2 情報の表現

本章では，コンピュータの中で，数字やデータをどのように表すかについて解説する。まず，正の整数について説明し，つぎに負数や実数について説明する。さらに，どのように演算を行うかの原理についても解説する。

2.1 位取り記数法

日常で扱う数字としては，10進数が一般的である。10進数では，各桁の数字としては $0, 1, \cdots, 8, 9$ の10種類の数字を用いる。さらに，各桁には，それぞれ異なった桁の重みがある。

例えば，284という10進数では，2には100（10^2）の位の重みがあり，8には 10^1 の重みが，4には 10^0 の重みがある。このように，各桁の数字と桁の重みで数を表現する方法を位取り記数法と呼ぶ。この位取り記数法の一般形を式 (2.1) に示す。

$$X = a_m \times n^m + a_{m-1} \times n^{m-1} + \cdots + a_i \times n^i + \cdots + a_0 \times n^0 \quad (2.1)$$

ここで，n を基数と呼ぶ。また，a_i はそれぞれの桁の係数であり，n 進数における a_i の取りうる値を表 **2.1** に示す。n 進数での a_i は，$0 \sim n-1$ となる。

表 **2.1** n 進数における a_i

n 進数	a_i
2	0, 1
8	0, 1, 2, 3, 4, 5, 6, 7
16	0, 1, 2, $\cdots$, 8, 9, A, B, C, D, E, F

また，16 進数での A~F は，10 進数の 10～15 にそれぞれ対応する。

なお，本章では，おもに 2 進数，10 進数，16 進数を用いる。それらを区別する場合には，各数字のうしろに b, d, h を付ける。ここで，b は binary，d は decimal，h は hexdecimal を表している。

つぎに，小数の場合を考える。小数も整数と同様に，各桁の重みが決まっている。例えば，10 進数の 0.48 では，4 の桁では 10^{-1} の重みが，8 の桁では 10^{-2} の重みがある。すなわち，10 進数の 0.48 は，$4\times 10^{-1}+8\times 10^{-2}$ と表すことができる。

例題 2.1 つぎの 16 進数の演算を行いなさい。

(1) 4DC+1F8

(2) 112−AB

【解答】
(1) まず最下位の桁の加算（C+8）を考える。C は 10 進数では 12 であるため，C+8 は，10 進数では 20 で，16 進数では 14 となる。すなわち，桁上りが生じる。
　　つぎに，隣の桁の加算を行う。ここでは，桁上りを考慮する必要があるため，D+F+1 となる。同様に，最上位の桁まで計算すれば，6D4 となる。
(2) 加算と同様に最下位の桁の減算 2−B を考える。この場合，上位の桁から借りてくる必要があり，16 進数の 12−B となる。ここで，16 進数の 12 は 10 進数では 18 であることに注意する。減算の答えとしては，16 進数の 67 となる。　　　　　　　　　　　　　　　　　　　　　　　　◇

2.2　数の接頭語

10 進数の 10 億は，1 000 000 000 のように，0 を 9 個並べる必要がある。このような大きい数を表す場合に，接頭語を用いる方法がある。接頭語は，1 000 倍刻みで定められており，これを用いることで 0 を省略（桁を省略）することができる。また，接頭語は，小さい数にも同様に 1 000 倍刻みで定められている。

表 2.2 に大きい数と小さい数の接頭語を示す。例えば，DNA の直径は約 2 nm といわれているが，これは 10 億分の 2 m の大きさを意味する。

表 2.2 数の接頭語

大きい数

k（キロ）	M（メガ）	G（ギガ）	T（テラ）	P（ペタ）
10^3	10^6	10^9	10^{12}	10^{15}

小さい数

m（ミリ）	μ（マイクロ）	n（ナノ）	p（ピコ）	f（フェムト）
10^{-3}	10^{-6}	10^{-9}	10^{-12}	10^{-15}

例題 2.2 つぎの数を指定された ( ) 内の接頭語で表しなさい。

(1) 32 000 000 000 （G と T）

(2) 0.000 000 000 018 （n と p）

【解答】
(1) 0 が 9 個あるため，32 G となる。これを T で表すと，0.032 T となる。
(2) 0 が 10 個あるため，0.018 n となる。これを p で表すと，18 p となる。　◇

2.3　ビットとバイト

コンピュータ（計算機）の内部では，2 進数が用いられる。そのため，二つの物理状態を 0 と 1 に割り当てる。例えば，コンピュータを構成するトランジスタでは ON と OFF を，CD–ROM ではディスクの凹と凸を 0 と 1 に割り当てている。この二つの状態を表す最小の単位をビット（bit）と呼び，2 進数 1 桁に対応する。また，8 ビットを 1 バイト（byte, B）と呼ぶ。

さらに，2 進数表現の数値において，**図 2.1** に示すように，最上位ビットを MSB（most significant bit），最下位ビットを LSB（least significant bit）と呼ぶ。ビットの列に含まれるビットの数を，ビット長（bit length）あるいはビット幅（bit width）ともいう。

2.3 ビットとバイト

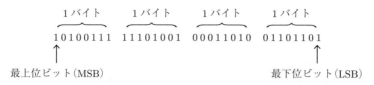

図 2.1　32 ビットの数値

一般的な接頭語では，10^{3n} で接頭語を用いるが，ビットやバイトの場合には，2^{10n} で考える。すなわち，1 M byte の場合，接頭語の意味では，M（メガ）のため 10^6 となるが，実際には，近似の 2^{20} を用いる。同様に，1 G byte の場合は，10^9 ではなく，2^{30} となる。表 2.2 に示す接頭語を用いたビットとバイトの関係を**表 2.3** に示す。

表 2.3　ビットとバイトの接頭語

1 バイト	=	8 ビット		
1 K byte	=	2^{10} バイト	=	1 024 バイト
1 M byte	=	2^{20} バイト	=	1 048 576 バイト
1 G byte	=	2^{30} バイト	=	1 073 741 824 バイト
1 T byte	=	2^{40} バイト	=	1 099 511 627 776 バイト

例題 2.3　つぎの数値について，接頭語を用いないで表現しなさい。

(1)　82 K byte

(2)　0.125 G byte

【解答】

(1)　K は，$2^{10} = 1\,024$ であるので，$82 \times 1\,024 = 83\,968$ バイトとなる。

(2)　0.125 は 1/8 なので，1 G byte/8 = 134 217 728 バイトとなる。　　◇

> **コーヒーブレイク**
>
> 10^3 系と 2^{10} 系
>
> 一般的には 10^3 を基準として K，M などの接頭語を用いるが，ディジタルの情報量を表す場合には 2^{10} を基準として接頭語を用いることが多い。10^3 系と 2^{10} 系を明確に区別する場合，後者に i を付加する。例えば，2^{10} バイトを 1 Ki byte，2^{20} バイトを 1 Mi byte と表記する。

2.4　基　数　変　換

　基数変換について，まず 2 進数から 10 進数への変換を考える。これは，位取り記数法で説明した桁の重みを考える。例えば，2 進数 1011 は，$1 \times 2^3 + 0 \times 2^2 + 1 \times 2^1 + 1 \times 2^0$ であり，10 進数の 11 となる。小数の場合も同様に桁の重みを考える。2 進数 0.0011 は，$0 \times 2^{-1} + 0 \times 2^{-2} + 1 \times 2^{-3} + 1 \times 2^{-4}$ であり，10 進数の 0.1875 となる。

　一方，10 進数から 2 進数への変換は，整数の場合と小数の場合を分けて考える。まず，整数の場合にはつぎのように考える。整数の 10 進数 X は，位取り記数法の考えから，式 (2.2) のように表される。

$$X = a_m \times 2^m + a_{m-1} \times 2^{m-1} + \cdots + a_1 \times 2^1 + a_0 \times 2^0 \quad (2.2)$$

　ここで，係数である $a_m, \cdots, a_1, a_0$ が求めたい 2 進数の表現になる。そこで，式 (2.3) のように，式 (2.2) の両辺を 2 で除算する。この除算での余り a_0 が，求めたい 2 進数の LSB の値となる。

$$X/2 = \left(a_m \times 2^{m-1} + a_{m-1} \times 2^{m-2} + \cdots + a_1 \times 2^0\right) \cdots a_0 \quad (2.3)$$

　つぎに，商を X' として，X' を 2 で除算すると，式 (2.4) に示すように，その余りが a_1 になる。

$$X'/2 = \left(a_m \times 2^{m-2} + a_{m-1} \times 2^{m-3} + \cdots + a_2 \times 2^0\right) \cdots a_1 \quad (2.4)$$

　これを繰り返すことで，2 進数の各桁の係数を下位から求めて，2 進数に変換することができる。図 **2.2** に 10 進数から 2 進数への変換例を示す。この処理では，最後の商は必ず 0（余りが 1=MSB）となり，有限回で処理を終了することができる。

　つぎに，小数の場合の 10 進数から 2 進数への変換を考える。基本的な考え方は，整数の場合と同様に，位取り基数法で表した場合の係数を順次求める。小数の 10 進数 Y は，式 (2.5) のように表される。

2.4 基数変換　27

```
2 |421     余り
2 |210 ··· 1  ←LSB
2 |105 ··· 0
2 | 52 ··· 1
2 | 26 ··· 0
2 | 13 ··· 0
2 |  6 ··· 1
2 |  3 ··· 0
2 |  1 ··· 1
最後の商は必ず0 ──→ 0 ··· 1  ←MSB
```

図 **2.2** 10進数から2進数への変換
（整数の場合）

$$Y = b_1 \times 2^{-1} + b_2 \times 2^{-2} + \cdots + b_{m-1} \times 2^{-(m-1)} + b_m \times 2^{-m} \quad (2.5)$$

ここで，小数点第1位の b_1 を求めるには，式 (2.5) の両辺を2倍する．

$$Y \times 2 = b_1 + \underbrace{\{b_2 \times 2^{-1} + b_3 \times 2^{-2} + \cdots + b_m \times 2^{-(m-1)}\}}_{Y'} \quad (2.6)$$

式 (2.6) に示すように，2倍することで，b_1 は整数部分に現れる．そして，2倍したあとの小数部分を Y' として，再び2倍すれば，小数点第2位の b_2 を求めること（整数部分に現れる）ができる．この処理を繰り返すことで，各桁の係数である $b_1, b_2, \cdots, b_m$ を求めることができる．**図 2.3** に変換処理の例を示す．

```
                    少数点第1位
                       ↓
0.437 5 × 2 = 0.|875|
 0.|875| × 2 = 1.|75|
  0.|75| × 2 = 1.|5|
   0.|5| × 2 = 1.0
```

図 **2.3** 10進数から
2進数への変換
（小数の場合）

10進数から2進数への変換について，整数では有限回の処理で変換が終了するが，小数では，有限回で処理が終了しない場合がある．具体的に，10進数 0.1 を 2 進数へ変換することを考える．

```
0.1 × 2 = 0.|2|
0.2 × 2 = 0.4
0.4 × 2 = 0.8
0.8 × 2 = 1.6
0.6 × 2 = 1.|2|
```

図 **2.4** 無限循環小数の例

図 2.4 のように，変換処理後は $0.0001100110011\cdots$ となり，無限循環小数となる．これは，10進数 0.1 に対応する有限の2進数表現がないことを意味する．

つぎに16進数への変換を考える．2進数の場合と同様

に，16進数から10進数への変換では，桁の重みを考えればよい。例えば，16進数 E1A は，$E \times 16^2 + 1 \times 16^1 + 10 \times 16^0$ となり，10進数 3610 となる。また，10進数から16進数への変換では，位取り記数法の係数を求めればよい。すなわち，図 2.5 に示すように，16 で順に除算を行って余りを求める。16進数表現の各桁の係数が下位から順に現れる。図の場合，変換したあとの16進数は 1A5 となる。

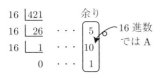

図 2.5　10進数から16進数への変換

一方で，16進数から2進数への変換や2進数から16進数への変換では，10進数を経由せずに直接変換することができる。表 2.4 を例に考える。

表 2.4　16進数1桁と2進数

10進数	16進数	2進数
0	0	0000
1	1	0001
2	2	0010
3	3	0011
⋮	⋮	⋮
9	9	1001
10	A	1010
⋮	⋮	⋮
14	E	1110
15	F	1111

図 2.6　16進数から2進数への変換

```
追加    4ビット  4ビット  4ビット
0 0 1 1 | 1 0 1 1 | 1 0 1 0 | 1 0 0 0
  ∥         ∥         ∥         ∥
  3         B         A         8
```

図 2.7　2進数から16進数への変換

16進数1桁は，0～Fまでの16種類ある。ここで，対応する2進数を考えると，0000～1111 の4ビットとなる。すなわち，図 2.6 に示すように，16進数から2進数へ変換では，16進数1桁を4ビットの2進数に置き換えればよい。

逆に，2進数から16進数への変換では，図 2.7 に示すように，LSB から4ビットごとに16進数1桁に置き換える。このとき，2進数の桁数が4の倍数ではない場合には0を上位ビットに加えて4の倍数になるようにすればよい。

同様に，8進数から2進数への変換や2進数から8進数への変換でも，10進数を経由せずに直接変換することができる。8進数1桁は，0～7までの8種

類のため，対応する 2 進数は 000 〜 111 となる．すなわち，8 進数 1 桁は，2 進数 3 ビットに対応する．

例題 2.4 つぎの基数変換を行いなさい．
(1) 8 進数 614 を 2 進数に変換しなさい．
(2) 2 進数 1111010101 を 16 進数に変換しなさい．
(3) 8 進数 552 を 16 進数に変換しなさい．
(4) 2 進数 11101 を 3 進数に変換しなさい．

【解答】
(1) 各桁を 2 進数 3 桁で置き換えると，$6 \rightarrow 110$, $1 \rightarrow 001$, $4 \rightarrow 100$ となる．求める 2 進数は，110001100 である．
(2) 2 進数 1111010101 の LSB から 4 ビットずつ区切ると，11|1101|0101 となる．ここで，上位 2 ビットの 11 は，0011 として，各 4 ビットを表 2.4 の対応に従って，16 進数 1 桁に置き換える．求める 16 進数は，3D5 である．
(3) 8 進数から，直接 16 進数に変換もできるが，2 進数を経由したほうが，計算が楽である．まず，8 進数の各桁を 2 進数 3 桁で置き換える．$5 \rightarrow 101$, $5 \rightarrow 101$, $2 \rightarrow 010$ となる．

つぎに，変換した 2 進数 101101010 の LSB から 4 ビットずつ区切ると，1|0110|1010 となる．そして，上位 1 ビットの 1 は，0001 として，各 4 ビットを表 2.4 の対応に従って，16 進数 1 桁に置き換える．求める 16 進数は，16A である．
(4) まず，2 進数 11101 を 10 進数に変換する．桁の重みを考えると 2 進数 11101 は，10 進数 29 となる．そして，10 進数 29 を 3 進数に変換する．10 進数 29 を 3 で除算して余りを求めると，答えは，3 進数 1002 となる．

別の方法として，2 進数から 10 進数を経由せず，直接変換することを考える．2 進数 11101 を 3 で除算すると，「余り」が変換後の 3 進数の「最下位の値」となる．つぎに商に対して 3 で割ると，その余りがつぎの桁の値となる．これを商が 0 になるまで繰り返す．ただし，$11101 \div 3$ をそのままでは計算できないため，3 を 2 進数の 11 として，$11101 \div 11$ を計算する．求める答えは，3 進数 1002 である． ◇

2.5 負 数 表 現

コンピュータの内部では 8 ビットや 32 ビットなど固定長のワードという単位で情報を扱う。数値においては桁数が有限固定であることを意味する。正の数のみ考える場合，例えば，10 進数 3 桁で表現する場合，0 (000d) から 999 (999d) の 1 000 通りの数値を表現できる。2 進数 8 桁 (8 ビット＝1 バイト) では，0 (00000000b) から 255 (11111111b) の 256 通りの数値を表現できる。一般に n 進数 m 桁表現では 0 から $n^m - 1$ の n^m 通りの値を表現できる。

一方，負の数を考える場合，絶対値表現と補数表現がある。まず，絶対値表現では，符号と数値を分けて表現し，符号は正の場合には 0 を，負の場合には 1 を用いる。図 2.8 に絶対値表現の例を示す。絶対値表現には，図 2.9 に示すように，「正」のゼロと「負」のゼロが存在して，冗長な表現を含む。

$$\underbrace{0}_{\text{符号部}}\underbrace{1\ 1\ 0}_{\text{数値部}} \qquad \underbrace{1}_{\text{符号部}}\underbrace{1\ 1\ 0}_{\text{数値部}} \qquad \underbrace{0}_{\text{符号部}}\underbrace{0\ 0\ 0}_{\text{数値部}} \qquad \underbrace{1}_{\text{符号部}}\underbrace{0\ 0\ 0}_{\text{数値部}}$$
$$(+6) \qquad\qquad (-6) \qquad\qquad (+0) \qquad\qquad (-0)$$

図 2.8　負数の絶対値表現　　　　図 2.9　絶対値表現での冗長な表現

つぎに，補数表現について説明する。ここでは，まず，10 進数の補数について，図 2.10 で説明する。元の数（正の数）に対して，各桁が足してちょうど 9 になるような数字を 9 の補数といい，9 の補数に 1 を足した数を 10 の補数と呼ぶ。すなわち，元の数（正の数）とその 10 の補数を足すと，2 あるいは 4 桁すべてが 0 になって最上位で桁上りが起こり，100 あるいは 10 000 になる。こ

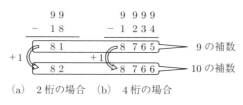

(a)　2 桁の場合　(b)　4 桁の場合

図 2.10　10 進数の補数の例

2.5 負数表現

こで, なぜ 10 の補数が負数となるのかについて, 図 2.11 のホイールで説明する。000 を中心の位置（基準）と考え, そこから 001 は +1 の距離の位置, 002 は +2 の距離と考える。逆に 999 は, 000 から −1 の距離, 998 は −2 の距離と考える。このように, 3 桁の 10 進数での 10 の補数表現では, 999 を −1, 998 を −2 と解釈する。

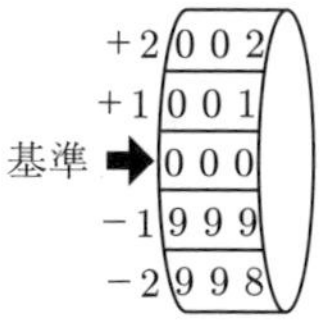

図 2.11 10 の補数による負数表現

つぎに, 2 進数での 1 の補数と 2 の補数について説明する。1 の補数とは, 式 (2.7) に示すように, 元の数にその補数を足すことで, 各桁の数がすべて 1 になるような数のことである。

$$\underbrace{x_1 x_2 x_3 x_4}_{元の数} + \underbrace{c_1 c_2 c_3 c_4}_{1 の補数} = \underbrace{1111}_{各桁がすべて 1} \tag{2.7}$$

ここで, 2 進数では, 各桁の係数は 0 と 1 しかないため, 1 の補数は, 各桁の 0 と 1 を入れ換えることで求めることができる。例えば, 元の数が 1011 の場合, その数の 1 の補数は, 0100 となる。

また, 2 の補数とは, 式 (2.8) に示すように元の数に, その補数を足すことで, 全桁（4 桁）0 になって最上位で桁上りが起こり, 10000 になる数のことである。これは, 1 の補数に 1 を足した数となる。例えば, 元の数が 1011 の場合, 1 の補数は 0100 であり, 2 の補数は 0101 となる。

$$\underbrace{x_1 x_2 x_3 x_4}_{元の数} + \underbrace{c'_1 c'_2 c'_3 c'_4}_{2 の補数} = \underbrace{10000}_{桁上り} \tag{2.8}$$

さらに, 1 の補数と 2 の補数の関係を図 2.12 に示す。元の数の 1 の補数の 1 の補数は, 元の数になる。同様に元の数の 2 の補数の 2 の補数も元の数になる。ここで, 絶対値表現, 1 の補数表現, 2 の補数表現について, 表 2.5 を用いて比較する。表は, 3 ビットで表現可能な数を示している。まず, ど

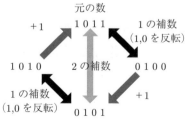

図 2.12 1 の補数と 2 の補数の関係

32　2. 情　報　の　表　現

表 2.5　3 ビットでの比較

10 進数	2 進数のビット表現		
	絶対値	1 の補数	2 の補数
+3	011	011	011
+2	010	010	010
+1	001	001	001
+0	000	000	000
−0	100	111	000
−1	101	110	111
−2	110	101	110
−3	111	100	101
−4	表現不可	表現不可	100

の表現においても，正の数では MSB が 0，負の数は MSB が 1 である。また，正の数の表現はすべて同じであり，負数の表現のみ異なる。

絶対値表現と 1 の補数表現では，+0 と −0 の冗長な表現が存在する。一方，2 の補数表現は冗長性がなく，−4 も表現できる。

このように 2 の補数表現では，ビット数に関わらず，絶対値表現と 1 の補数表現より，表現できる数の個数が一つ多い。n ビットの 2 の補数表現では $-2^{n-1} \sim +2^{n-1}-1$ の数を表現できる。

例題 2.5　補数について，つぎの問いに答えなさい。

(1) 2 進数 01100001 について，1 の補数と 2 の補数を求めなさい。

(2) 10 進数の −24 を 2 の補数を用いて 6 ビットと 8 ビットの 2 進数で表現しなさい。

(3) 2 の補数を用いて負の数を表現する場合，2 進数 16 ビットで表現できる数の範囲を 10 進数で答えなさい。

(4) 11000111 で表現された数が，絶対値表現の場合，1 の補数表現の場合，2 の補数表現の場合，それぞれどのような数値を表すか 10 進数で答えなさい。

【解答】

(1) 1 の補数は，各ビットを反転すればよいので，10011110 である。また，2

の補数は 1 の補数に 1 を足せばよいので，10011111 である。
(2) 24 を 2 進数に変換すると，11000 となる。まず，6 ビットで考える場合，24 は 011000 であり，その 2 の補数は，101000 となる。また，8 ビットで考える場合，24 は 00011000 であり，その 2 の補数は，11101000 となる。
(3) 16 ビットでは $-2^{15} \sim 2^{15} - 1$ の範囲の数字を表せるため，$-32\,768 \sim 32\,767$ となる。
(4) まず，絶対値表現の場合，11000111 の MSB が符号で 1 のため，負数である。そして，残りの 1000111 が数値部で，これは 10 進数として考えると，71 である。したがって，絶対値表現で，11000111 は -71 を表す。

つぎに，1 の補数表現の場合，MSB が 1 の補数のため，負数である。ここで，図 2.12 の関係より，1 の補数の 1 の補数は元の数である。11000111 の 1 の補数は，00111000 であり，10 進数として考えると，56 である。したがって，1 の補数で，11000111 は -56 を表す。

2 の補数表現の場合は，1 の補数と同様に，「2 の補数の 2 の補数は元の数である」という関係を利用して求める。11000111 の 2 の補数は，00111001 であり，10 進数として考えると，57 である。したがって，2 の補数で，11000111 は -57 を表す。 ◇

2.6 負数の演算

絶対値表現，1 の補数表現，2 の補数表現を用いた減算方法について考える。絶対値表現での演算では，例えば，0001(+1d) と 1001($-$1d) をビット列として素直に足し算すると 1010($-$2d) となり，間違った結果になる。このような符号ビットを含めた計算はできない。そのため，絶対値表現では符号と数値を分けて計算を行う必要がある。

一方，1 の補数と 2 の補数は符号ビットを含めて演算を行うことができる。まず，1 の補数の演算について，図 2.13 を例に考える。図では符号含めて 4 ビットでの加算の例を示しており，括弧内の数字は 10 進数を表している。

(a) の場合については，演算が正しくできていることが確認できる。ただし，演算結果が負の場合には，1 の補数での負数表現となる。ここで負数かどうかは，MSB で判断する。

34　2. 情報の表現

(a)　0001(+1) + 1101(−2) = 1110(−1)
　　　正の数　　負の数　　負の数

(b)　0110(+6) + 0100(+4) = 1010(−5)
　　　正の数　　正の数　　負の数？

(c)　0110(+6) + 1011(−4) = 1|0001(+1)
　　　正の数　　負の数　　　正の数？
　　　　　　　　　　　　桁上り

(d)　1010(−5) + 1011(−4) = 1|0101(+5)
　　　負の数　　負の数　　　正の数？

図 2.13　1の補数での計算方法

つぎに，(b)の場合については，負数ではない，正の数と正の数の演算であるが，演算結果が負の数となり，間違った演算結果になっている。この場合は10進数で考えると6+4なので，正しい演算結果は，10であるが，10進数の10は，4ビットの2進数では表現することができない。そのため，オーバフロー（範囲越え）が生じている。このオーバフローが起きる場合は，「同符号」の加算で，加算結果が「異符号」の場合に生じる。(b)の場合は，正数と正数の加算で，演算結果が負数となっているため，オーバフローであることが確認できる。

一方，(c)の場合のように最上位ビットからの桁上りが生じた場合，この桁上りを最下位ビットに加算する循環桁上りの処理を行う必要がある。これは，表2.5に示すように，1の補数の場合，−0と+0が存在するため，**図2.14**に示すように，正しい演算結果を求めるためには，+1する必要がある。

図 2.14　循環桁上りの原理　　　**図 2.15**　循環桁上りの計算方法

具体的な循環桁上りを**図2.15**に示す。どちらも最上位ビットからの桁上りが生じているため，循環桁上りの処理を行う必要がある。これにより，(c)の場合は，正しい演算結果を得ることができる。

(d) の場合には，循環桁上りの処理を行っても，誤った演算結果になっている。これは，(b) と同様に，オーバフローが生じているためである。(d) の場合は，負数と負数を足して，循環桁上り後の演算結果が正数となっている。

　つぎに，2 の補数表現の演算を考える。2 の補数表現は，コンピュータで広く用いられている。これは，符号を含めて演算ができるだけでなく，1 の補数のような循環桁上りを行う必要がないためである。基本的な演算方法は，1 の補数と同様に，符号ビットを含めて演算を行う。ただし，1 の補数とは異なり，最上位ビットへの桁上りが生じても，これを無視する。2 の補数では，あらかじめ 1 の補数に 1 を足しているので，表 2.5 に示すように，+0 と −0 というような冗長な表現がないためである。

　また，オーバフローの条件としては，1 の補数と同様に，同符号の加算で，演算結果が異符号の場合に生じる。2 の補数の計算例を**図 2.16** に示す。

　(a)　0001(+1) + 1110(−2) = 1111(−1)
　　　　正の数　　　負の数　　　負の数

　(b)　0110(+6) + 1100(−4) = 1|0010(+2)
　　　　正の数　　　負の数　　　　　　正の数？
　　　　　　　　　　　　　　　無視

　(c)　1010(−6) + 1100(−4) = 1|0110(+6)
　　　　負の数　　　負の数　　　　　　正の数？

図 2.16　2 の補数での計算方法

　(a) と (b) の場合は，2 の補数表現で正しく計算ができている。また，(b) では，最上位ビットへの桁上りを無視している。

　(c) の場合は，(b) の場合と同様に最上位ビットへの桁上りを無視しているが，オーバフローが生じているため，誤った演算結果となっている。

例題 2.6　負数について，つぎの問いに答えなさい。

　(1)　絶対値表現での二つの数字 X と Y の加算を行う場合，符号と数値によって場合分けを行う必要がある。**表 2.6** の (a) 〜 (d) に適切な文

36　　2. 情 報 の 表 現

表 2.6　絶対値表現の演算方法

ケース	符　号	数値の大小	演算方法	演算結果の符号
A	等しい場合	$x \leqq y$	$x+y$	X と同じ
B		$x > y$	(a)	(b)
C	等しくない場合	$x \leqq y$	(c)	(d)
D		$x > y$	$x-y$	X と同じ

章を入れなさい。ただし，X の数値部を x，Y の数値部を y とする。

(2) 4 ビット長の 2 進数が絶対値表現されるとき，± 4 と ± 2 の加算（$(-4)+(-2)$，$(-4)+(+2)$，$(+4)+(-2)$，$(+4)+(+2)$ の 4 通り）を行いなさい。

(3) 4 ビットの 1 の補数表現で，$-2-3$ の計算を行いなさい。

(4) $6-4$ と $4-6$ の減算を 2 の補数の加算を用いて行いなさい。ただし，演算は 4 ビットとする。

【解答】

(1) 場合分けをして考えればよいので，(a) $x+y$，(b) X と同じ（または Y と同じ），(c) $y-x$，(d) Y と同じ，となる。

(2) 以下四つの場合を考える。

　$(-4)+(-2)$ の場合　　-4 の 4 ビットでの絶対値表現は 1100 であり，-2 の絶対値表現は 1010 である。表 2.6 より，当該演算はケース B であるため，演算方法としては数値部どうしを加算し，110 を得る。また，演算結果の符号は，-4 と同じになり，求める答えは，1110 である。

　$(-4)+(+2)$ の場合　　$+2$ の 4 ビットでの絶対値表現は 0010 である。また，表 2.6 でのケースは D であるため，演算方法としては，100 から 010 を引いて，010 を得る。演算結果の符号は，-4 と同じになり，求める答えは，1010 である。

　$(+4)+(-2)$ の場合　　$+4$ の 4 ビットでの絶対値表現は 0100 である。また，表 2.6 でのケースは D であるため，演算方法としては，100 から 010 を引いて，010 を得る。演算結果の符号は，$+4$ と同じになり，求める答えは，0010 である。

　$(+4)+(+2)$ の場合　　表 2.6 でのケースは B であるため，演算方法としては数値部どうしを加算し，110 を得る。また，演算結果の符号は，$+4$

と同じになり，求める答えは，0110 である．
(3) $-2-3$ の演算は，$(-2)+(-3)$ の加算を計算すればよい．-2 の 4 ビットでの 1 の補数表現は 1101 であり，-3 は 1100 である．

したがって，$1101+1100$ は，11001 となり，循環桁上りが生じて，演算結果としては，1010 となる．1010 は 1 の補数表現では，-5 を表しており，演算結果が正しいことが確認できる．
(4) まず，$6-4$ を考える．$6-4$ は，$(+6)+(-4)$ の加算を計算すればよい．-4 の 4 ビットでの 2 の補数表現は，1100 である．

したがって，$0110+1100$ は，10010 となり，5 ビット目は無視すればよいので，0010 が求める答えである．

つぎに，$4-6$ は，$(+4)+(-6)$ の加算を計算すればよい．-6 の 4 ビットでの 2 の補数表現は，1010 である．

したがって，$0100+1010$ は，1110 となる．2 の補数表現では，MSB が 1 の場合は負数のため，1110 は -2 を表しており，演算結果が正しいことが確認できる． ◇

2.7 コード

コンピュータの内部ではあらゆる情報をビット列に割り当てて表現する．その割当て方あるいは割り当てられたものをコード（code, 符号）という．ここでは，文字，数字などさまざまなコードについて説明する．文字を表すコードを文字コードと呼び，いろいろな規格が決められている．大きく分けて 1 バイトのものと 2 バイトのものがある．代表的な 1 バイトの文字コードには，ASCII や JIS 8 ビットがあり，2 バイトの文字コードには EUC や Shift–JIS などがある．それぞれについて説明する．

まず，ASCII コードは，文字コードの標準化の先駆けであり，7 ビットでおもに英数字に対応している．**表 2.7** に ASCII コードを示す．

表では横が上位 3 ビット（0〜7），縦が下位 4 ビット（0〜F）である．ただし，縦は 16 進数で表現している．ここで，左側の縦 2 列（上位ビットの 0 と 1 の列）は，制御コードを表している．例えば，0D（上位 3 ビットが 0 で，下位 4 ビットが D）は，CR（キャリッジリターン，改行）であり，08（上位 3 ビット

38　　2. 情 報 の 表 現

表 2.7　ASCII コード

	0	1	2	3	4	5	6	7
0	NUL	DLE	SP	0	@	P	`	p
1	SOH	DC1	!	1	A	Q	a	q
2	STX	DC2	"	2	B	R	b	r
3	ETX	DC3	#	3	C	S	c	s
4	EOT	DC4	$	4	D	T	d	t
5	ENQ	NAK	%	5	E	U	e	u
6	ACK	SYN	&	6	F	V	f	v
7	BEL	ETB	'	7	G	W	g	w
8	BS	CAN	(	8	H	X	h	x
9	HT	EM	)	9	I	Y	i	y
A	LF	SUB	*	:	J	Z	j	z
B	VT	ESC	+	;	K	[	k	{
C	FF	FS	,	<	L	\	l	|
D	CR	GS	-	=	M	]	m	}
E	SO	RS	.	>	N	^	n	~
F	SI	US	/	?	O	_	o	DEL

が 0 で，下位 4 ビットが 8) は，BS（バックスペース，1 文字取消）を表している。

　つぎに，JIS 8 ビットコードについて説明する。JIS（Japanese Industrial Standards（日本工業規格））は，日本の工業標準の規格である。JIS 8 ビットコードは，ASCII をベースに上位 3 ビットを 4 ビットに拡張した 8 ビットコードで，MSB が 0 の場合はほぼ ASCII と同じである。また，MSB が 1 の場合には，日本語のカタカナに対応する。JIS 8 ビットコードを**表 2.8** に示す。JIS 8 ビットコードでは，未定義の部分がある。

　つぎに，2 バイトコードである EUC（extended UNIX code）と Shift–JIS について説明する。EUC は，UNIX で広く使用されている。EUC では 2 バイトと 1 バイトのコードを共存させている。MSB が 0 であれば ASCII と同じ 1 バイトコードとなる。MSB が 1 であれば続く 1 バイトと併せて 2 バイトコードとなる。この EUC は日本語のほかにも中国語などいくつかのコードがあり，日本語の EUC コードを EUC–JP と呼び，ほかの EUC と区別する。Shift–JIS は，MS 漢字コードとも呼ばれ，マイクロソフトの Windows で広く採用され

表 2.8　JIS 8 ビットコード

	ASCII コード			MSB=1						
	0	...	7	8	9	A	B	C	D	E	F
0	NUL	...	p				―	タ	ミ		
1	SOH	...	q			。	ア	チ	ム		
2	STX	...	r			「	イ	ツ	メ		
3	ETX	...	s			」	ウ	テ	モ		
4	EOT	...	t			、	エ	ト	ヤ		
5	ENQ	...	u			・	オ	ナ	ユ		
6	ACK	...	v			ヲ	カ	ニ	ヨ		
7	BEL	...	w			ァ	キ	ヌ	ラ		
8	BS	...	x			ィ	ク	ネ	リ		
9	HT	...	y			ゥ	ケ	ノ	ル		
A	LF	...	z			ェ	コ	ハ	レ		
B	VT	...	{			ォ	サ	ヒ	ロ		
C	FF	...	|			ャ	シ	フ	ワ		
D	CR	...	}			ュ	ス	ヘ	ン		
E	SO	...	~			ョ	セ	ホ	"		
F	SI	...	DEL			ッ	ソ	マ	。		

ている。Shift–JIS では，1 バイト目が JIS 8 ビットコードの未定義部分となるようにして，JIS 8 ビットコードとの共存をはかっている。

　続いて，数値の表現について改めて考える。コンピュータの内部では数値は基本的に 2 進数で表される。一方で，日常で用いる 10 進数をそのまま 10 進数の情報として，コンピュータに対して与える場合がある。そのためコード化として代表的なものに，BCD コード，3 増しコード，グレイコードがある。

　BCD (binary coded decimal) コードは，2 進化 10 進コードや 8–4–2–1 コードとも呼ばれる。この BCD コードでは，10 進数 1 桁を 4 ビットで表現する。4 ビットで表現できる数は，16 進数 1 桁（0 〜 15）であるが，10(1010) から 15(1111) は使用しない。また，BCD コードでの各桁の重みは，$8(=2^3)$，$4(=2^2)$，$2(=2^1)$，$1(=2^0)$ となっている。

　3 増しコードは，excess–3 コードとも呼ばれ，BCD コードに 3(0011) を加える。3 増しコードと BCD コードの比較を**表 2.9** に示す。3 増しコードでは，4 と 5 の中心線から対照に，0 と 1 を反転させた形になる。そのため，0 と 1 を入れ換えるだけで，9 の補数をつくることができる。これにより，補数を用い

た減算が簡単になる。例えば，3に対する9の補数である6は，0110（3の3増しコード）の0と1を反転させた1001（3増しコードでの6）と求めることができる。また，3増しコードのもう一つの特徴としては，表に示すように，各ビットに必ず1のビットがある。これにより，エラーチェックなどが簡単になる。

表 2.9 BCDコードと3増しコード

10進数	BCD	3増しコード
0	0000	0011
1	0001	0100
2	0010	0101
3	0011	0110
4	0100	0111
5	0101	1000
6	0110	1001
7	0111	1010
8	1000	1011
9	1001	1100

最後にグレイコードについて説明する。グレイコードでは隣接する数字（例えば，1と2，3と4など）において，コード中のビットが1ビットだけ異なる。コード中のビットがどの程度異なっているかを表す指標をハミング距離と呼ぶ。ハミング距離は，二つのビット列を $x_1 x_2 \cdots x_n$ と $y_1 y_2 \cdots y_n$ とすると

$$\sum |x_i - y_i| \tag{2.9}$$

で求められる。例えば，1001と1000のハミング距離は1であり，1111と0000のハミング距離は4である。すなわち，グレイコードでは，隣接する数字のハミング距離が1になるコードである。

グレイコードの作り方について，2ビットの場合を図 2.17 に示す。1ビットの表現0,1に対して，これを一つのグループA(0,1)と考え，このグループAの順序を逆にしたグループB(1,0)を加える。これを下位ビット（LSB）として，

図 2.17 グレイコードの作り方

上位ビット（MSB）には，通常の 2 進表現の場合と同じく 0011 を付け加える。

例題 2.7　コードについて，つぎの問いに答えなさい。

(1)　11100011 と 01100010 のハミング距離を求めなさい。

(2)　10 進数 814 を BCD コードで表現しなさい。

(3)　3 ビットのグレイコード表を作成しなさい。

(4)　図 2.17 は長さ 1 のグレイコードを用いて，長さ 2 のグレイコードを作る方法を示している。グループ A とその逆順序であるグループ B をこのように並べ，MSB を加えることで，なぜグレイコードになるのか説明しなさい。

【解答】
(1)　式 (2.9) より，求めるハミング距離は，2 である。

(2)　各桁を 4 ビットで表現すればよい。8 = 1000, 1 = 0001, 4 = 0100 であるので，BCD コードは 100000010100 である。

(3)　2 ビットのグレイコードは，図 2.17 なので，これを逆順にしたビット列を作成し，上位ビットを追加すればよい。求めるグレイコードは，**表 2.10** のとおりである。

表 2.10　3 ビットのグレイコード

10 進数	グレイコード
0	000
1	001
2	011
3	010
4	110
5	111
6	101
7	100

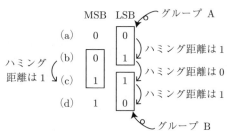

図 2.18　ハミング距離が 1 になる理由

(4)　図 2.17 の方法で，なぜグレイコードになるかについて，2 ビットの場合を例に**図 2.18** を用いて説明する。LSB であるグループ A，グループ B それぞれについて，その内部では隣接する部分はハミング距離が 1 である。MSB としてグループ A に 0，グループ B に 1 を加えており，それぞれの

グループ内において MSB のハミング距離は 0 である。グループ B はグループ A の逆順序なのでその境界（(b) と (c), (d) と (a)）ではハミング距離は 0 である。それに同じ MSB（グループ A は 0, グループ B は 1）を加えることで結果としてそれらの中でのハミング距離は 1 となる。　◇

2.8　実数表現

コンピュータでの実数の表現方法には，固定小数点方式と浮動小数点方式の二つがある。

まず，固定小数点方式について，**図 2.19** を用いて説明する。図では整数部分を m_1 ビット，小数部分を m_2 ビットで表している。固定小数点方式では，MSB を符号ビットとして，小数点の位置を固定し，整数は小数点に対して右詰めで，小数は小数点に対して左詰めで表現する。余ったビットは，0 とする。すなわち，全体として $1+m_1+m_2$ ビットとなる。ここで整数表現は，小数点が右端にある固定小数点方式の特別な形式と考えることができる。固定小数点方式としての値は，小数点を無視して整数として解釈した値を 2^{m_2} で割った値に等しくなる。

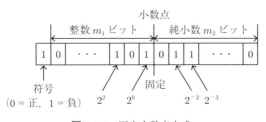

図 **2.19**　固定小数点方式

例題 2.8　つぎの値（10 進数）を 8 ビットの 2 の補数固定小数点方式で表しなさい。ただし，符号を 1 ビット，整数部を 4 ビット，小数部を 3 ビットとする。

(1) -0.25

(2) -3.875

【解答】
(1) 小数部 3 ビットなので，$1/8$ となる。すなわち，$-0.25 \times 8 = -2$ なので，-2 を表す 8 ビットの値 11111110 となる。
(2) 同様に小数部 3 ビットのため，$-3.875 \times 8 = -31$ となり，-31 を表す 8 ビットの値 11100001 となる。 ◇

例題 2.9 つぎの 2 の補数固定小数点方式による値を 10 進数で答えなさい。2 の補数固定小数点方式では，符号を 1 ビット，整数部を 4 ビット，小数部を 3 ビットとしているものとする。

(1) 11111111

(2) 10101010

【解答】
(1) 小数部 3 ビットなので，$1/8$ となる。すなわち，11111111 は整数としては -1 を表すので $-1/8 = -0.125$ となる。
(2) 同様に 10101010 は整数としては -86 を表すので $-86/8 = -10.75$ となる。 ◇

浮動小数点方式では，指数を用いて小数を表現する。例えば，2 進数 0.0001011 は，浮動小数点方式では，$0.1011\text{b} \times 2^{-3}$ や $10.11\text{b} \times 2^{-5}$ と表現できる。ここで，0.1011 や 10.11 を仮数部，-3 や -5 を指数部と呼ぶ。このように浮動小数点方式では，符号部，指数部，仮数部で小数を表現する。

具体的な表現方法を**図 2.20** に示す。固定小数点方式と同様に，MSB を符号ビットとし，続く n_1 ビットを指数部に，n_2 ビットを仮数部に割り当てる。ま

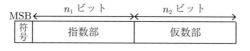

図 **2.20** 浮動小数点方式

た，浮動小数点方式では，同じ数を表現するのに複数の表現が可能になるため，科学記数法を用いる。この科学記数法は，小数点の左側に数字を1桁とする表記法である。科学記数法における正規化では，仮数部は，0以外の数値1桁で表すものとする。2進数の場合，必ず，1.∗∗∗の表現となる。例えば，2進数0.0001011の場合は，1.011×2^{-4}となり，2進数0.01001の場合は，1.001×2^{-2}となる。

ここで，固定小数点方式と浮動小数点方式で表現できる数の範囲を比較する。例として10進数4桁の数字を考える。固定小数点方式では，整数部・小数部を2桁とした場合，±99.99までを表現することができる。一方，浮動小数点方式では，仮数部・指数部を2桁とした場合，$\pm 99^{\pm 99}$まで表現することができる。

このように，固定小数点方式の表現できる数の範囲は狭いが，浮動小数点方式の表現できる数の範囲は広い。ただし，固定小数点方式で表現できる数の間隔（分解能）は，一定であるのに対して，浮動小数点方式での分解能は**図 2.21**に示すように一定ではない。また，この例では，絶対値が1×10^{-99}より小さな数を表現することができない。このように，表現できないような小さな数になることをアンダフローと呼ぶ。逆に，絶対値が$99 \times 10^{+99}$より大きな数も表現することができず，この場合は，オーバフローと呼ぶ。

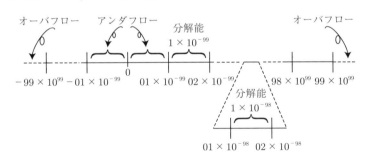

図 2.21　浮動小数点方式での分解能

浮動小数点方式の代表的な規格として広く採用されているものに**図 2.22**に示すIEEE 754がある。この規格では，32ビットで表現する単精度と64ビットで表現する倍精度がある。

2.8 実数表現

図 2.22 IEEE 754

単精度では，図 (a) に示すように，符号部を 1 ビット，指数部を 8 ビット，仮数部を 23 ビットで表現する。一方，倍精度では，図 (b) に示すように，符号部を 1 ビット，指数部を 11 ビット，仮数部を 52 ビットで表現する。IEEE 754 においても符号部では，正の数を 0，負の数を 1 とする。指数部ではバイアス付き表現を用いる。具体的には，元の指数に一定の数を加算した数を指数部の値とする。単精度では 127 を，倍精度では 1023 を加算する。

表 2.11 に単精度のバイアス付き表現を示す。

表 2.11 単精度のバイアス付き表現

8 ビットの 2 進表現	バイアス付き (10 進数)
1111 1111	+128
1111 1110	+127
1111 1101	+126
⋮	⋮
1000 0000	+1
0111 1111	0
0111 1110	−1
⋮	⋮
000 0010	−125
0000 0001	−126
0000 0000	−127

通常，8 ビットの 2 の補数表現では −128 〜 +127 までの数を表現できるが，表では，表現できる数の種類は同じにして，範囲を 1 個ずらして（−127 〜 +128）表現している。二つのビット列の大小関係を比較するとき，2 の補数表現では符号付きで解釈した場合と符号なしで解釈した場合で結果が異なるが，バイアス付き表現では一致する。これにより，値の大小関係の比較が容易になる。ただし，指数の −127 と +128 は特殊な表現に用いられるため，数値表現で使用できる範囲としては，−126 〜 +127 である。（実際の規格は，詳細な規則があるため，専門書を参照されたい。）

また，仮数部に関して，科学記数法の正規化した2進数では，整数部が必ず1になる。そのため，IEEE 754 では，この1を仮数部には含めないものとする。このような方法を暗黙の1と呼び，有効数字が1ビット増える。しかし，これにより0が表現できなくなる。IEEE 754 では全ビット0により値0を表現する。これは先の指数部 −127(00000000) の例外にあたる。

図 2.23 に，−0.001101 を単精度で表した例を示す。科学記数法で正規化した場合，-1.101×2^{-3} となる。まず符号部について，負数であるために1となる。つぎに，指数部は，バイアス付き表現（$-3+127=124$）より，01111100 となる。最後に，仮数部は，暗黙の1より，整数部は無視して 101 となり，これを左詰め ($101000\cdots0$) で格納する。

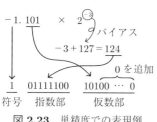

図 2.23　単精度での表現例

例題 2.10　IEEE 754 について，つぎの問いに答えなさい。

(1) 10 進数 17.125 を IEEE 754 の単精度で表現しなさい。

(2) 単精度で表現された下記の数字を2進数に変換しなさい。
01000110111101000000000000000000

【解答】

(1) まず，17.125 を2進数に変換 (10001.001) する。つぎに，変換した2進数を科学記数法の2進数で表現する。科学記数法では，仮数部は0以外の数値で1桁のため，(1.0001001×2^4) となる。また，IEEE 754 では，暗黙の1を考慮するため，実際の仮数部の値は 0001001 となる。そして，指数部でのバイアス付き表現（4+127=131）を計算する。

　　求める単精度表現は，「01000001100010010000000000000000」である。

(2) 最初に，指数部の値を計算する。2進数 10001101 は，10進数では 141 である。この 141 はバイアス付き表現であるため，元の指数は，$141-127=14$ である。また，仮数部は暗黙の1により，1.111101 である。したがって，求める2進数は，$+1.111101 \times 2^{14}$ で，111110100000000 となる。　　◇

2.9　浮動小数点数の演算

まず，加減算ついて説明し，つぎに乗算について説明する。加減算は，以下の六つのステップで行う。

Step 1：　二つの数値の指数部を比較する。
Step 2：　小さいほうの仮数を右にシフトして，大きいほうの指数に合わせる。
Step 3：　符号に応じて仮数部の加算・減算を行う。
Step 4：　演算結果を正規化する。
Step 5：　仮数の小数部を適切なビット数に収める。
Step 6：　その結果，桁上りで正規化表現でなくなった場合は，Step 4 に戻る。正規化表現であれば計算を終了する。

具体的な加算の方法について，$1.101 \times 2^5 + 1.011 \times 2^4$ を例に説明する。この例では，仮数の桁数を 4 桁とする。まず，Step 1 での指数の比較では，2^5 と 2^4 であるので，2^4 が小さい。つぎに，Step 2 での指数合わせでは，1.011×2^4 を右に 1 ビットシフトして，0.1011×2^5 とする。そして，Step 3 で仮数部を加算することで，$1.101 + 0.1011 = 10.0101$ を得る。

Step 4 で演算結果を正規化する。すなわち，$10.0101 \times 2^5 = 1.00101 \times 2^6$ とする。Step 5 で仮数部を 4 桁に収める。この処理を丸めという。この例では，零捨一入（10 進数における四捨五入にあたる）とする。1.00101 を 4 桁に零捨一入で丸めて，1.001 を得る。丸めた結果，桁上りが生じていない（正規化表現）ので，1.001×2^6 を演算結果として，計算を終了する。

例題 2.11　つぎの加減算を行いなさい。ただし，仮数の桁数を 4 桁として，丸めの方法は，零捨一入とする。

(1)　$1.101 \times 2^1 + 1.100 \times 2^{-1}$

48　2. 情 報 の 表 現

(2)　$1.001 \times 2^{-2} - 1.010 \times 2^{-5}$

【解答】

(1) まず，二つの数字の指数を比べて，指数を大きいほうに合わせるために，1.100×2^{-1} を右に 2 ビットシフトして，0.011×2^1 とする。そして，仮数部を加算して，10.000 を得る。加算結果を正規化する。すなわち，$10.000 \times 2^1 = 1.0000 \times 2^2$ とする。この問題では仮数の桁数を 4 桁としているため，小数点以下 4 桁目を零捨一入で丸め，最後に，加算結果として，1.000×2^2 を得る。

(2) まず，二つの数字の指数を比べて，指数を大きいほうに合わせるために，1.010×2^{-5} を右に 3 ビットシフトして，0.00101×2^{-2} とする。ここで，仮数部を減算して，0.11111 を得る。減算結果を正規化する。すなわち，$0.11111 \times 2^{-2} = 1.1111 \times 2^{-3}$ とする。この問題では仮数の桁数を 4 桁としているため，小数点以下 4 桁目を零捨一入で丸めて 10.000×2^{-3} を得る。10.000×2^{-3} は正規化表現ではないので Step 4 に戻り，再度正規化して 1.0000×2^{-2} とする。最後に，仮数部を 4 桁にし，減算結果として，1.000×2^{-2} を得る。　　　◇

乗算は，以下の六つのステップで行う。

Step 1：　仮数部の乗算を行う。

Step 2：　指数部の加算を行う。

Step 3：　演算結果を正規化する。

Step 4：　仮数の小数部を適切なビット数に丸める。

Step 5：　丸めた結果，桁上りで正規化表現でなくなった場合は，Step 3 へ戻る。

Step 6：　演算対象が同符号の場合は，Step 5 の演算結果を正数として，異符号の場合には負数として，計算を終了する。

具体的な乗算の方法について，$1.101 \times 2^5 \times 1.011 \times 2^4$ を例に説明する。この例では，仮数の桁数を 4 桁として，丸めの方法は，零捨一入とする。まず，Step 1 で仮数部の乗算を行い，$1.101 \times 1.011 = 10.001111$ を得る。つぎに，Step 2 で指数部の加算（$5+4=9$）を行う。Step 3 では，演算結果を正規化して，$10.001111 \times 2^9 = 1.0001111 \times 2^{10}$ を得る。Step 4 で仮数を 4 ビットに丸

めて，符号処理をして，最終的に演算結果として 1.001×2^{10} を得る。

なお，二つの指数部の加算において，IEEE 754 のようなバイアス付き表現の場合では，バイアスが重複する。そのため指数部での加算のあとに，バイアス分の数値を引く必要がある。例えば，指数部が，それぞれ $132(5+127)$ と $131(4+127)$ の場合，指数部での加算処理は，$132 + 131 - 127 = 136$ とする。

例題 2.12 つぎの乗算を行いなさい。ただし，仮数の桁数を 4 桁として，丸めの方法は，零捨一入とする。

(1) $1.011 \times 2^2 \times 1.001 \times 2^1$

(2) $-1.010 \times 2^0 \times 1.100 \times 2^3$

【解答】

(1) まず，仮数部の乗算を行い，$1.011 \times 1.001 = 1.100011$ を得る。つぎに，指数部の加算 ($2+1=3$) を行う。そして，演算結果を正規化して，1.100011×2^3 を得る。仮数部を 4 ビットに丸めて，符号処理をして，最終的に演算結果として 1.100×2^3 を得る。

(2) まず，仮数部の乗算を行い，$1.010 \times 1.100 = 1.111000$ を得る。つぎに，指数部の加算 ($0+3=3$) を行う。そして，演算結果を正規化して，仮数部を 4 ビットに丸めて，1.111×2^3 を得る。異符号の乗算のため，最終的に演算結果として -1.111×2^3 を得る。 ◇

2.10 数値演算の誤差

図 2.21 に示したように，分解能より小さい数字は，表現することができない。また，一般的にコンピュータの内部でのデータ表現では，IEEE 754 の単精度や倍精度のように有効桁数が一定であるため，演算によっては，オーバフローやアンダフローが生じる可能性もある。このように，値を表現するときや演算するときに誤差が生じることがある。代表的な誤差に，丸め誤差，打切り誤差，情報落ち，桁落ちがある。

丸め誤差　有効桁数が一定であるために，ある桁のつぎの桁以下を四捨五入や，切上げ・切捨てなどをして端数処理を行うことで生じる誤差のことである。例えば，8.14 の小数点第 1 位を切り捨てると 8 になり，0.14 の誤差が生じる。

打切り誤差　無限回繰り返す計算を有限回で打ち切る場合に生じる誤差のことである。例えば，$S = 1/2^1 + 1/2^2 + 1/2^3 + 1/2^4 \cdots$ の場合，無限に $1/2^i$ を加算することはできないため，有限回の加算処理で打ち切ることになり，その誤差が生じる。

情報落ち　絶対値の比が大きな数どうしの加算をすると，絶対値の大きな値に桁数が合わされるため，絶対値の小さな値の下位桁は無視される。例えば，1.101×2^9 と 1.011×2^1 の加算の場合，指数部を合せるために，1.011 を右に 8 ビットシフトさせて，0.00000001011×2^9 として，仮数部の加算を行う。この場合，丸め処理によって，絶対値の小さいほうの数字は無視される。

桁落ち　値がほぼ等しい二つの数の減算を行った場合に，元の有効桁数が，減少して生じる誤差のことである。例えば，$1.111100 \times 2^4 - 1.111001 \times 2^4$ の減算を考える。正しい演算結果は，0.000011×2^4 であるが，演算結果を正規化すると，仮数部の最上位桁の値が 0 にならないようにするため，上位の桁が省略されて，有効桁数が減少する。この例の場合，減算後は，正規化により，1.100000×2^{-1} となる。演算前は，小数点第 6 位まで有効な桁数の情報を持っているが，この減算結果の仮数部の小数点第 2 位から 6 位の 0 は，計算で算出された 0 ではなく，仮数部の桁数を合わせるために追加された 0 である。

例題 2.13　数値誤差について，つぎの問いに答えなさい。

(1) 符号が同じで，絶対値がほぼ等しい二つの値の減算では，どのような誤差が生じるか答えなさい。

(2) $x \gg y$ で，$x + y$ の計算で生じる誤差は，どのような誤差か答えな

(3) $S = \sum_{n=1}^{\infty} \dfrac{1}{n!}$ で生じる誤差は，どのような誤差か答えなさい。

【解答】
(1) 有効桁数が失われる桁落ちの誤差が生じる可能性がある。
(2) $x \gg y$ では，$x + y = x$ となる。すなわち，y は，x と同じ扱いになり，無視される。したがって，このような誤差は情報落ちである。
(3) $1/n!$ が循環小数になる場合があり，丸め誤差が生じる。さらに，無限に $1/n!$ を加算することはできないため，有限回で処理を打ち切り，打切り誤差が生じる。　　◇

章 末 問 題

【1】 10 進数 672 を，2 進数と 16 進数に変換しなさい。
【2】 16 進数 E4A を，8 進数に変換しなさい。
【3】 10110010 が「1 の補数表現」の場合，いくつの値を示しているか 10 進数で答えなさい。また，2 の補数表現の場合についても答えなさい。
【4】 2 の補数表現の場合，1 の補数表現より表現できる数が多い。その理由を簡潔に説明しなさい。
【5】 1 の補数表現において，循環桁上りの処理をしないと，正しい演算結果が得られない理由について，簡潔に述べなさい。
【6】 10 進数 0.7 を，2 進数に変換しなさい。
【7】 9 進数 12.34 を，3 進数に変換しなさい。
【8】 つぎのビットパターンが IEEE 754 の単精度で表現されている場合，いくつの値を示しているか 10 進数で答えなさい。
(1) 01010010110110000000000000000000
(2) 11000111101110100000000000000000
【9】 10 進数 6.125 と 10 進数 5.75 を，2 進数の浮動小数点方式に変換して，加算を行いなさい。ただし，仮数の桁数を 4 桁として，丸めの方法は，零捨一入とする。
【10】 10 進数 −2.25 と 10 進数 4.375 を，2 進数の浮動小数点方式に変換して，乗算を行いなさい。ただし，仮数の桁数を 4 桁として，丸めの方法は，零捨一入と

2. 情報の表現

する。

【11】 動画のフレームに通し番号をつけたい。毎秒 24 フレームで最大 3 時間の動画を対象とする。何ビット必要か答えなさい。

【12】 つぎの 2 の補数符号付固定小数点方式で表す値（符号 1 ビット，整数部 4 ビット，小数部 3 ビット）を 10 進数で答えなさい。

(1) 00000001, (2) 00001000, (3) 00011011

(4) 11111110, (5) 11101010

【13】 ±1 000（10 進数）の範囲の値を誤差 0.01（10 進数）以内で 2 の補数固定小数点方式で表現したい。値をどのように表現すればよいか答えなさい。

【14】 図 2.17 は長さ 1 のグレイコードを用いて，長さ 2 のグレイコードを作る方法を示している。これを一般化して，長さ n のコードとその逆順序のコードを用いて長さ $n+1$ のグレイコードを作る方法を示しなさい。

3 論理の世界

コンピュータの内部では，論理演算を行うことで，さまざまな機能を実現する。論理演算は，集合や命題の演算を基礎としている。本章では，まず，集合と命題について概説し，その後，論理演算について説明する。

3.1 集合

「もの」の集まりを集合 (set) と呼ぶ。ただし，その範囲を客観的に規定する必要がある。また，集合を形成するそれぞれの「もの」を要素 (element)，あるいは元と呼ぶ。ここで，x が集合 X の要素である場合，$x \in X$ と表し，x は X に属するという。逆に，x が集合 X の要素でない場合，$x \notin X$ と表す。例えば，「1以上10未満の整数全体」は集合で，2や3などの整数が要素となる。しかし，「足の速い小学生全体」は，なんらかの集まりではあるが，集合ではない。なぜなら，「足が速い」というのは主観的であり，客観的にその範囲を規定することができない。要素を一つも持たない集合を空集合 (empty set) と呼び，$\emptyset$ と表す（$\emptyset$ を ϕ で代用する場合もある）。また，要素の数が有限個の集合を有限集合と呼び，無限個の集合を無限集合と呼ぶ。無限集合の例としては，「整数の集まり」などがある。

集合の表記方法には，① その要素を列挙する方法（外延的記法）と，② その集合の要素であるための条件を記述する方法（内包的記法）の二つがある。

表 3.1 に集合の表記方法の例を示す。また，枠組みとなる集合を全体集合と呼び，全体集合の中で，対象としているある集合以外のものを，その集合の補

表 3.1 集合の表記方法

表記方法	表記例
外延的記法	$\{1, 3, 5, 7, 9\}$
内包的記法	$\{x \mid x \text{ は 1 桁の奇数}\}$

集合（complement）と呼ぶ。ここで，対象としている集合を X とした場合，その補集合は X^c または $\overline{X}$ と表記する。例えば，全体集合を $\Omega = \{x \mid x \text{ は}$ 10 未満の自然数$\}$ として，対象となっている集合を $X = \{2, 4, 8\}$ とした場合，X の補集合 $\overline{X}$ は，$\overline{X} = \{1, 3, 5, 6, 7, 9\}$ となる。

ある集合 X の要素すべてが別の集合 Y に含まれるとき，X を Y の部分集合と呼び，$X \subset Y$（あるいは $Y \supset X$）と表す。特に，$X \neq Y$ のとき，X を Y の真部分集合と呼ぶ。一般の部分集合と真部分集合を明確に区別するため，それぞれ $X \subseteq Y$，$X \subset Y$ と表すこともある。二つの集合 X と Y について，$\{a \mid a \in X, \text{ かつ}, a \in Y\}$ であるような集合を共通部分集合（intersection）あるいは積集合，交わり（meet）と呼び，$X \cap Y$ と表す。また，$\{a \mid a \in X, \text{ あるいは}, a \in Y\}$ であるような集合を和集合（union）あるいは結び（join）と呼び，$X \cup Y$ と表す。この $\cap$ と $\cup$ の記号は，帽子の cap と湯呑の cup に由来する。

例題 3.1 全体集合 $\Omega = \{x \mid x \text{ は 10 未満の自然数}\}$ として，$X = \{1, 3, 7, 9\}$, $Y = \{2, 3, 9\}$ とする。つぎの問いに答えなさい。

(1) $X \cap \overline{Y}$ を外延的記法で表しなさい。

(2) $\overline{X} \cup Y$ を外延的記法で表しなさい。

【解答】

(1) $\overline{Y} = \{1, 4, 5, 6, 7, 8\}$ である。したがって，求める $X \cap \overline{Y}$ は，X と $\overline{Y}$ の両方の集合の要素である必要があるため $\{1, 7\}$ である。

(2) $\overline{X} = \{2, 4, 5, 6, 8\}$ である。したがって，求める $\overline{X} \cup Y$ は，$\overline{X}$ と Y のどちらかの集合の要素であればよいので $\{2, 3, 4, 5, 6, 8, 9\}$ である。 ◇

集合 X の要素と集合 Y の要素を組み合わせた対を要素とする集合を，X と Y の直積集合と呼び，$X \times Y$ と表す。すなわち，$X \times Y = \{(x, y) \mid x \in X, y \in Y\}$ となる。例えば，$X = \{1, 2, 3\}$, $Y = \{a, b\}$ のとき，その直積集合は $X \times Y =$

$\{(1,a),(1,b),(2,a),(2,b),(3,a),(3,b)\}$ となる．ここで，$(a,1)$ や $(b,2)$ は，この直積集合に含まれない．また，集合 X どうしの直積集合 $X \times X$ は，X^2 と略記する．例えば，実数の全体の集合を $\mathcal{R}$ とした場合，$\mathcal{R}^2$ は $\{(x,y) \mid x \in \mathcal{R}, y \in \mathcal{R}\}$ であり，xy 平面を表している．同様に，$\mathcal{R}^3$ は，xyz 空間を表している．

一般的に，ある三つの集合 X,Y,Z について，表 **3.2** に示す三つの規則が成り立つ．交換律は，二つの集合 X,Y の共通部分集合について，$\cap$ や $\cup$ の左右を入れ換えても等価であることを示している．結合律は，三つの集合 X,Y,Z について，(a) ではどのような順序で共通部分集合を求めても等価であり，(b) ではどのような順序で和集合を求めても等価であることを示している．

表 **3.2** 集合の演算規則

規則名		演算規則
交換律	(a)	$X \cap Y = Y \cap X$
	(b)	$X \cup Y = Y \cup X$
結合律	(a)	$(X \cap Y) \cap Z = X \cap (Y \cap Z) = X \cap Y \cap Z$
	(b)	$(X \cup Y) \cup Z = X \cup (Y \cup Z) = X \cup Y \cup Z$
分配律	(a)	$(X \cap Y) \cup Z = (X \cup Z) \cap (Y \cup Z)$
	(b)	$(X \cup Y) \cap Z = (X \cap Z) \cup (Y \cap Z)$

分配律は，三つの集合 X,Y,Z について，(a) の左辺は X と Y の共通部分集合 $(X \cap Y)$ を求め，その共通部分集合と Z との和集合を求めている．一方，右辺は，X と Z の和集合 $(X \cup Z)$ と，Y と Z の和集合 $(Y \cup Z)$ の共通部分集合

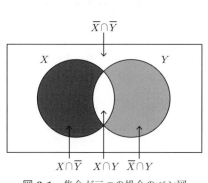

図 **3.1** 集合が二つの場合のベン図

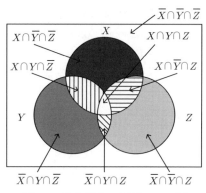

図 **3.2** 集合が三つの場合のベン図

を求めている。(b) は，(a) の共通部分集合と和集合を入れ換えても等価であることを表している。

また，複数の集合の包含関係を視覚的に表したものにベン図 (Venn diagram) がある。二つの集合 X, Y のベン図を**図 3.1** に，三つの集合 X, Y, Z のベン図を**図 3.2** にそれぞれ示す。

例題 3.2 つぎの集合をベン図で表しなさい。

(1) $(X \cap \overline{Y}) \cup (\overline{X} \cap Y)$
(2) $(\overline{X} \cap Y) \cup (\overline{X} \cap Z)$

【解答】
(1) $(X \cap \overline{Y})$ は，「X」と「Y ではない集合」の共通部分集合である。同様に，$(\overline{X} \cap Y)$ は，「X ではない集合」と「Y」の共通部分集合である。

したがって，求める集合は，これらの集合の和集合であるので，**図 3.3** となる。

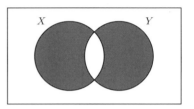

図 3.3 $(X \cap \overline{Y}) \cup (\overline{X} \cap Y)$ のベン図

(2) 三つの集合の場合も同様に考える。まず，$(\overline{X} \cap Y)$ は，「X ではない集合」と「Y」の共通部分集合である。また，$(\overline{X} \cap Z)$ は，「X ではない集合」と「Z」の共通部分集合である。

したがって，求める集合は，これらの集合の和集合であるので，**図 3.4** となる。

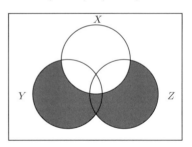

図 3.4 $(\overline{X} \cap Y) \cup (\overline{X} \cap Z)$ のベン図

3.2 命　　題

真偽を客観的に判断できる文（文章や数式も含む）のことを命題 (proposition)

と呼ぶ．命題 p が正しい場合には，p は真（true）であるといい，逆に正しくない場合には，偽（false）であるという．ここで，真であることを 1，偽であることを 0 で表して，これらを命題の真理値と呼ぶ．さらに，命題 p に対して，「p ではない」という命題を「p の否定」と呼び，$\bar{p}$ と表す．

命題の真理値の対応関係を表にしたものを真理値表と呼ぶ．**表 3.3** に否定命題の真理値表を示す．真理値表では，元の命題の取りうる真理値についてすべて列挙する必要がある．表の 1 列目に元の命題 p の取り得る値を列挙し，2 列目に対応する $\bar{p}$ の値を記す．二つの命題 p, q に対して，「p である」かつ「q である」ような命題を，p と q の論理積と呼んで，$p \wedge q$ と表す．命題 $p \wedge q$ の真理値表を**表 3.4** に示す．命題 p, q の取りうる真理値の組合せは，$(p, q) = (0, 0), (0, 1), (1, 0), (1, 1)$ の 4 通りある．表に示すように，命題 $p \wedge q$ の真理値が 1（真）になる場合は，$(p, q) = (1, 1)$ のとき，すなわち，p が真で，かつ，q が真のときだけである．また，二つの命題 p, q に対して，「p である」または「q である」ような命題を，p と q の論理和と呼んで，$p \vee q$ と表す．命題 $p \vee q$ の真理値表を**表 3.5** に示す．命題 p, q の取りうる真理値の組合せは，論理積の場合と同様に，$(p, q) = (0, 0), (0, 1), (1, 0), (1, 1)$ の 4 通りある．表に示すように，論理和の真理値が 0（偽）になる場合は，$(p, q) = (0, 0)$ の場合だけで，p または q のどちらかの命題が真の場合は，真となる．

表 3.3 否定命題の真理値表の例

p	$\bar{p}$
0	1
1	0

表 3.4 論理積の真理値表の例

p	q	$p \wedge q$
0	0	0
0	1	0
1	0	0
1	1	1

表 3.5 論理和の真理値表の例

p	q	$p \vee q$
0	0	0
0	1	1
1	0	1
1	1	1

例題 3.3 つぎの命題の真理値表を作りなさい．

(1) $\bar{\bar{p}}$

(2) $\bar{p} \wedge (p \vee \bar{q})$

(3) $(p \wedge q) \vee \bar{r}$

(4) $\overline{(p \vee q) \wedge r}$

【解答】 解答では,導く途中の命題についても真理値を示す。

(1) $\bar{\bar{p}}$ の命題の真理値表を**表 3.6** に示す。

表 3.6 $\bar{\bar{p}}$ の真理値表

p	$\bar{p}$	$\bar{\bar{p}}$
0	1	0
1	0	1

表 3.7 $\bar{p} \wedge (p \vee \bar{q})$ の真理値表

p	q	$\bar{p}$	$p \vee \bar{q}$	$\bar{p} \wedge (p \vee \bar{q})$
0	0	1	1	1
0	1	1	0	0
1	0	0	1	0
1	1	0	1	0

(2) $\bar{p} \wedge (p \vee \bar{q})$ の命題の真理値表を**表 3.7** に示す。

(3) $(p \wedge q) \vee \bar{r}$ の命題の真理値表を**表 3.8** に示す。

表 3.8 $(p \wedge q) \vee \bar{r}$ の真理値表

p	q	r	$p \wedge q$	$\bar{r}$	$(p \wedge q) \vee \bar{r}$
0	0	0	0	1	1
0	0	1	0	0	0
0	1	0	0	1	1
0	1	1	0	0	0
1	0	0	0	1	1
1	0	1	0	0	0
1	1	0	1	1	1
1	1	1	1	0	1

表 3.9 $\overline{(p \vee q) \wedge r}$ の真理値表

p	q	r	$p \vee q$	$(p \vee q) \wedge r$	$\overline{(p \vee q) \wedge r}$
0	0	0	0	0	1
0	0	1	0	0	1
0	1	0	1	0	1
0	1	1	1	1	0
1	0	0	1	0	1
1	0	1	1	1	0
1	1	0	1	0	1
1	1	1	1	1	0

(4) $\overline{(p \vee q) \wedge r}$ の命題の真理値表を**表 3.9** に示す。 ◇

p, q の真理値にかかわらず，つねにその真理値が 1 であるような命題のことを恒真命題（トートロジー）と呼ぶ。逆に，p, q の真理値に関わらず，つねにその真理値が 0 であるような命題のことを恒偽命題（矛盾）と呼ぶ。例えば，任意の命題 p について，命題 $p \wedge \overline{p}$ は恒偽命題であり，命題 $p \vee \overline{p}$ は恒真命題である。

命題 p, q, r について，**表 3.10** に示す六つの規則が成り立つ。

表 3.10　命題における定理

規則名	演算規則
反射律	$p = \overline{\overline{p}}$
べき等律	(a) $p \wedge p = p$ (b) $p \vee p = p$
交換律	(a) $p \wedge q = q \wedge p$ (b) $p \vee q = q \vee p$
結合律	(a) $(p \wedge q) \wedge r = p \wedge (q \wedge r) = p \wedge q \wedge r$ (b) $(p \vee q) \vee r = p \vee (q \vee r) = p \vee q \vee r$
分配律	(a) $(p \wedge q) \vee r = (p \vee r) \wedge (q \vee r)$ (b) $(p \vee q) \wedge r = (p \wedge r) \vee (q \wedge r)$
吸収律	(a) $p \wedge (p \vee q) = p$ (b) $p \vee (p \wedge q) = p$

まず，反射律について，ある命題 p の否定の否定は，元の命題 p と同じである。これは真理値を考えればわかる。例えば，命題 p の真理値が 1 の場合，その否定は 0 となり，その 0 の否定は 1 となり，元の命題の真理値と一致する。同様に，命題 p の真理値が 0 の場合も，元の命題の真理値と一致する。つぎに，べき等律について，同じ命題の論理積や論理和の真理値は，元の命題の真理値

表 3.11　吸収律の真理値表

p	q	$p \vee q$	(a) の右辺 $(p \wedge (p \vee q))$	$p \wedge q$	(b) の右辺 $(p \vee (p \wedge q))$
0	0	0	0	0	0
0	1	1	0	0	0
1	0	1	1	0	1
1	1	1	1	1	1

と同じである。表の中で，交換律，結合律，分配律については，集合の場合と同様で，集合における共通部分集合が論理積に，和集合が論理和に，それぞれ対応する。また，吸収律についての真理値について，**表 3.11** に示す。表より，右辺と左辺の真理値は一致することがわかる。

例題 3.4 つぎの命題の中で，トートロジーであるものと，矛盾であるものをそれぞれ答えなさい。

(1) $p \land q \land \bar{p}$ (2) $(p \land q) \lor \bar{p}$
(3) $(\overline{p \land q}) \lor (p \land q)$ (4) $(\overline{p \lor q}) \land (\bar{p} \lor \bar{q})$

【解答】

(1) 交換律より，$p \land q \land \bar{p} = (p \land \bar{p}) \land q$ が成り立つ。また，$(p \land \bar{p})$ は矛盾（真理値はつねに 0）である。矛盾である命題との論理積も矛盾となるため，命題 $p \land q \land \bar{p}$ も矛盾となる。

(2) 与えられた命題は，$p = 0$ のときに 1 となり，矛盾ではない。また，$p = 1$，$q = 0$ のときに 0 となり，トートロジーではない。

(3) $p \land q$ を P とすると，$(\overline{p \land q}) \lor (p \land q) = \bar{P} \lor P$ となる。$\bar{P} \lor P$ はトートロジーのため，$(\overline{p \land q}) \lor (p \land q)$ もトートロジーとなる。

(4) $(\overline{p \lor q}) \land (\bar{p} \lor \bar{q})$ の真理値表を**表 3.12** に示す。表により，$(\overline{p \lor q}) \land (\bar{p} \lor \bar{q})$ は，トートロジーでも矛盾でもない。

表 3.12 $(\overline{p \lor q}) \land (\bar{p} \lor \bar{q})$ の真理値表

p	q	$\overline{p \lor q}$	$\bar{p} \lor \bar{q}$	$(\overline{p \lor q}) \land (\bar{p} \lor \bar{q})$
0	0	1	1	1
0	1	0	1	0
1	0	0	1	0
1	1	0	0	0

◇

論理積を論理和に変換する，逆に論理和を論理積に変換する方法として，**表 3.13** に示すド・モルガンの法則がある。表に示すように，二つの命題 p, q の論理積の否定は，それぞれの命題の否定の論理和と等しい。また，p, q の論理和の否定は，それぞれの命題の否定の論理積と等しい。ド・モルガンの法則が正しいことは，**表 3.14** の真理値表で確認できる。

表 3.13 ド・モルガン
の法則

(a) $\overline{p \wedge q} = \overline{p} \vee \overline{q}$
(b) $\overline{p \vee q} = \overline{p} \wedge \overline{q}$

表 3.14 真理値表によるド・モルガン
の法則の確認

p	q	$\overline{p \wedge q}$	$\overline{p \vee q}$	$\overline{p} \vee \overline{q}$	$\overline{p} \wedge \overline{q}$
0	0	1	1	1	1
0	1	1	0	1	0
1	0	1	0	1	0
1	1	0	0	0	0

また，表 3.13 のド・モルガンの法則は二つの命題を対象としているが，これらを繰り返し適用することで，n 個の命題に拡張することができる。n 個に拡張した場合のド・モルガンの法則を**表 3.15** に示す。

表 3.15 n 個に拡張した場合の
ド・モルガンの法則

(a) $\overline{p_1 \wedge p_2 \wedge \cdots \wedge p_n} = \overline{p_1} \vee \overline{p_2} \vee \cdots \vee \overline{p_n}$
(b) $\overline{p_1 \vee p_2 \vee \cdots \vee p_n} = \overline{p_1} \wedge \overline{p_2} \wedge \cdots \wedge \overline{p_n}$

例題 3.5 表 3.15 に示した n 個に拡張した場合のド・モルガンの法則が成り立つことを確かめなさい。

【解答】　まず，(a) について，①$p_1 \sim p_n$ の命題の中で偽になる命題が少なくとも一つ以上ある，②$p_1 \sim p_n$ の命題がすべて真である場合の二つに分けて考える。①の場合，左辺は 1 である。一方，右辺は少なくとも一つの偽になる命題（例えば p_m）があり，その命題の否定命題 ($\overline{p_m}$) は真になる。ここで，右辺は否定命題を論理和の形で結合しているため，一つでも真 (=1) があれば，全体が 1 になる。したがって，①の場合，左辺も右辺もに 1 になり，等しい。

また，②の場合，左辺において，すべて命題が真であるため，$p_1 \sim p_n$ の命題の論理積は 1，その否定命題は 0 になる。右辺は，すべての否定命題が 0 であるため，その論理和も 0 になる。したがって，②の場合も左辺と右辺が等しい。すべての場合（①と②）において，左辺=右辺となる。

つぎに，(b) についても同様に場合分けをして考える。①$p_1 \sim p_n$ の命題の中で真になる命題が少なくとも一つ以上ある，②$p_1 \sim p_n$ の命題がすべて偽である場合の二つに分けて考える。①の場合，左辺は 0 である。一方，右辺は少なくとも一つの真になる命題 p_m があり，その命題の否定命題 $\overline{p_m}$ は偽になる。ここで，

右辺は否定命題を論理積の形で結合しているため，一つでも偽 (=0) があれば，全体が 0 になる。したがって，①の場合，左辺も右辺も 0 となり，等しい。

また，②の場合，左辺において，すべて命題が偽であるため，$p_1 \sim p_n$ の命題の論理積は 0，その否定命題は 1 になる。右辺は，すべての否定命題が 1 であるため，その論理積も 1 になる。したがって，②の場合も左辺と右辺が等しく，すべての場合（①と②）において，左辺＝右辺となる。　　　　　　　　　　◇

3.3　論理での演算

表 3.16 に示すように，集合と命題の演算は，数学的に等価，すなわち，同

表 **3.16**　集合・命題・論理代数の表記方法

	集　合	命　題	論理代数
論理積	$X \cap Y$	$X \wedge Y$	$X \cdot Y$ または XY
論理和	$X \cup Y$	$X \vee Y$	$X + Y$
否　定	$\overline{X}$ または X^c	$\overline{X}$	$\overline{X}$

表 **3.17**　ブール代数の演算規則

規則名	演算規則	
単位元	(a)	$X \cdot 1 = X$
	(b)	$X + 1 = 1$
零　元	(a)	$X + 0 = X$
	(b)	$X \cdot 0 = 0$
同一則	(a)	$X \cdot X = X$
	(b)	$X + X = X$
交換則	(a)	$X \cdot Y = Y \cdot X$
	(b)	$X + Y = Y + X$
結合則	(a)	$X \cdot (Y \cdot Z) = (X \cdot Y) \cdot Z$
	(b)	$X + (Y + Z) = (X + Y) + Z$
吸収則	(a)	$X \cdot (X + Y) = X$
	(b)	$X + (X \cdot Y) = X$
分配則	(a)	$X \cdot (Y + Z) = (X \cdot Y) + (X \cdot Z)$
	(b)	$X + (Y \cdot Z) = (X + Y) \cdot (X + Z)$
相補則	(a)	$X \cdot \overline{X} = 0$
	(b)	$X + \overline{X} = 1$
復元則	(a)	$\overline{\overline{X}} = X$
ド・モルガンの法則	(a)	$\overline{X + Y} = \overline{X} \cdot \overline{Y}$
	(b)	$\overline{X \cdot Y} = \overline{X} + \overline{Y}$

一の性質・法則が成り立っている。集合と命題の演算を基礎に体系化した 0 と 1 の数学が論理代数である。表に集合・命題・論理代数の表記方法の対応を示す。論理代数の論理積や論理和の表記は一般的な四則演算の表記と同じであるが，計算（演算）結果は異なる。**表 3.17** に示す 10 個の演算規則が成り立つ論理代数を，特にブール代数という。これらは，いずれも左辺と右辺の二つの式の値が等しい，すなわち，すべての 0, 1 の組合せにおいて左辺と右辺が等しい。なお，演算の順序は一般の四則演算と同じく和よりも積を先に行うものとし，その括弧は省略できる。例えば，$X + (Y \cdot Z)$ は，$X + Y \cdot Z$ と書ける。

例題 3.6 論理式 $\overline{x_1}x_2 + x_1\overline{x_2}$ の真理値表を示しなさい。

【解答】 論理変数 x_1, x_2 の取り得る値を並べ，そのときの式の値を計算すると**表 3.18** になる。このように，値が 1 となる論理変数の数が奇数のときに 1 となり，偶数のときに 0 となる演算を排他的論理（exclusive-or, EX-OR, XOR）と呼び，記号 ⊕ で表す。

表 3.18 排他的論理和の論理関数

x_1	x_2	$\overline{x_1}x_2 + x_1\overline{x_2}$
0	0	0
0	1	1
1	0	1
1	1	0

3.4 論 理 関 数

n 個の論理変数 $x_1, x_2, \cdots, x_n$ から成る論理式について考える。各論理変数は 0 か 1 の論理値を取るため，n 個の論理変数の論理値の組合せ総数は，2^n 通りである。また，それらの論理変数の値をすべて決めると，論理式の値（論理値）も 0 か 1 に決まる。このように，2^n 個の論理値の集合と $\{0, 1\}$ という 2 値の集合との対応関係を示す関数を論理関数と呼ぶ。例えば，論理関数 $f(x_1, x_2, x_3)$ について，論理変数 (x_1, x_2, x_3) が $(1, 0, 1)$ の場合，その論理関数の論理値が 0 であったとする。これは，$f(1, 0, 1) = 0$ を意味する。また，論理変数 (x_1, x_2, x_3) が $(1, 0, 1)$ と $(1, 0, 0)$ のどちらにおいても，その論理関数の論理値が 0 であるような場合，$f(1, 0, *) = 0$ と表す。この ∗ は，その論理値が 0 でも 1 でもどち

らでもよいことを表し，don't care と呼ぶ．

ここで，論理関数を構成する論理変数そのもの（x_1, x_2, x_n など），あるいは，それらの否定（$\overline{x_1}, \overline{x_2}, \overline{x_n}$ など）をリテラル（literal）と呼ぶ．$\overline{x_1}, \overline{x_2}, \overline{x_n}$ などを否定と呼ぶのに対して，x_1, x_2, x_n などを肯定と呼ぶ．さらに，n 個の論理変数 $(x_1, x_2, \cdots, x_n)$ において，それらすべてのリテラルを一つずつ含む論理積を最小項（minterm）と呼ぶ．同様に，すべてのリテラルを一つずつ含む論理和を最大項（maxterm）と呼ぶ．例えば，2変数 x_1 と x_2 に対して，最小項は $x_1 x_2, \overline{x_1} x_2, x_1 \overline{x_2}, \overline{x_1}\,\overline{x_2}$ の4種類であり，最大項は $x_1 + x_2, \overline{x_1} + x_2,$

コーヒーブレイク

シャノン（Shannon）の展開定理

任意の論理関数 $f(x_1, x_2, \cdots, x_n)$ について，ブール代数の演算規則を用いると

$$f(x_1, x_2, \cdots, x_n)$$
$$= (x_n + \overline{x_n}) \cdot f(x_1, x_2, \cdots, x_n)$$
$$= x_n \cdot f(x_1, x_2, \cdots, x_n) + \overline{x_n} \cdot f(x_1, x_2, \cdots, x_n)$$

と変形することができる．ここで，x_n の値は 0 か 1 なので

$$= x_n \cdot f(x_1, x_2, \cdots, 1) + \overline{x_n} \cdot f(x_1, x_2, \cdots, 0)$$

と展開することができる．この展開方法をシャノンの展開定理という．ここで，シャノンの展開定理を確認する．まず，$x_n = 0$ の場合は次式となる．

(左辺) $= f(x_1, x_2, \cdots, 0)$
(右辺) $= 0 \cdot f(x_1, x_2, \cdots, 1) + 1 \cdot f(x_1, x_2, \cdots, 0) = f(x_1, x_2, \cdots, 0)$

つまり，左辺=右辺となる．同様に，$x_n = 1$ の場合は次式となる．

(左辺) $= f(x_1, x_2, \cdots, 1)$
(右辺) $= 1 \cdot f(x_1, x_2, \cdots, 1) + 0 \cdot f(x_1, x_2, \cdots, 0) = f(x_1, x_2, \cdots, 1)$

この場合も左辺=右辺となる．すべての場合（$x_n = 0$ と $x_n = 1$）において，左辺=右辺となり，この展開が正しいことがわかる．

$x_1 + \overline{x_2}$, $\overline{x_1} + \overline{x_2}$ の4種類である。

3.5 標　準　形

　任意の論理関数は，真理値表で表すことができる。**表 3.19** に，基本的な論理関数の真理値表の例を示す。ある論理関数を表す真理値表は一つだけであり，1対1に対応する。しかし，n 変数関数に対して真理値表は 2^n 行を必要とし，記述量が多くなる。そこで論理式で表現することを考える。一般に一つの論理関数を表す論理式はいくつも存在する。できるだけ簡単で統一的な表現方法がよい。そのような表現方法に，主加法標準形（principal disjunctive canonical expansion）と主乗法標準形（principal conjunctive canonical expansion）の二つがある。

表 3.19　基本的な論理関数の真理値表

X	Y	$X \cdot Y$　(XY)	$X+Y$
0	0	0	0
0	1	0	1
1	0	0	1
1	1	1	1

表 3.20　2変数の論理関数

x_1	x_2	$f(x_1, x_2)$
0	0	0
0	1	0
1	0	1
1	1	1

　主加法標準形とは，真理値表中の論理関数値の1それぞれに対応する最小項を論理和で結合した表現形式である。一方，主乗法標準形とは，真理値表中の論理関数値の0それぞれに対応する最大項を論理積で結合した表現形式である。真理値表と主加法標準形，主乗法標準形はそれぞれ1対1に対応する。そのため，ある論理関数に対する主加法標準形，主乗法標準形はただ一つである。これが標準形と呼ばれる理由である。

　主加法標準形の導出方法について，具体的に**表 3.20** の例で説明する。

　論理関数 $f(x_1, x_2)$ の真理値が1になるところは，$(x_1, x_2) = (1, 0)$ と $(x_1, x_2) = (1, 1)$ の2か所である。ここで，$(x_1, x_2) = (1, 0)$ のときだけに1になる論理式を最小項で考えると $x_1 \overline{x_2}$ となる。ここで最小項の求め方は，論

理変数が 1 の場合には肯定，0 の場合には否定とする。同様に，$(x_1, x_2) = (1, 1)$ のときだけに 1 になる論理式を最小項で考えると $x_1 x_2$ となる。表 3.20 の論理関数 $f(x_1, x_2)$ は，$(x_1, x_2) = (1, 0)$ のとき，または（論理和），$(x_1, x_2) = (1, 1)$ のときだけ 1 になる。すなわち，それぞれに対応する最小項を論理和で結合した，$f(x_1, x_2) = x_1 \overline{x_2} + x_1 x_2$ となる。$(x_1, x_2) = (1, 0)$ の場合は，最小項 $x_1 \overline{x_2}$ が 1 となるため，$f(x_1, x_2) = 1$ であり，$(x_1, x_2) = (1, 1)$ の場合は，最小項 $x_1 x_2$ が 1 となるため，$f(x_1, x_2) = 1$ となる。それ以外の場合 $((x_1, x_2) = (0, 0)$ と $(0, 1))$ は，どちらの最小項も 0 のため，$f(x_1, x_2) = 0$ となる。したがって，$f(x_1, x_2) = x_1 \overline{x_2} + x_1 x_2$ の式と表 3.20 に示した真理値表は相等しい。

同様に，主乗法標準形を導出する場合には，論理関数の値が 0 の部分，すなわち，$(x_1, x_2) = (0, 0)$ と $(0, 1)$ について，1 を論理否定，0 を論理肯定のリテラルとして，最大項（論理和で結合）として表し，すべての最大項（この例の場合は 2 個）を，論理積の形で結合する。したがって，導出する主乗法標準形は，$f(x_1, x_2) = (x_1 + x_2)(x_1 + \overline{x_2})$ となる。

例題 3.7 標準形について，つぎの問いに答えなさい。

(1) **表 3.21** の真理値表から主加法標準形と主乗法標準形を導出しなさい。

(2) $f(x_1, x_2, x_3) = (x_1 + x_2) \cdot x_3$ を主加法標準形で表しなさい。

(3) $f(x_1, x_2, x_3) = x_1 \cdot x_2 \cdot x_3 + \overline{x_1} \cdot x_2 \cdot x_3 + \overline{x_1} \cdot \overline{x_2} \cdot \overline{x_3}$ を主乗法標準形で表しなさい。

表 3.21 3 変数の論理関数

x_1	x_2	x_3	$f(x_1, x_2, x_3)$
0	0	0	1
0	0	1	0
0	1	0	0
0	1	1	1
1	0	0	1
1	0	1	0
1	1	0	0
1	1	1	0

【解答】

(1) 主加法標準形では，$f(x_1, x_2, x_3) = 1$ となる最小項を論理和で結合する。表 3.21 で $f(x_1, x_2, x_3) = 1$ となる最小項は，$\overline{x_1} \cdot \overline{x_2} \cdot \overline{x_3}$（$f(0, 0, 0)$ に対

応), $\overline{x_1} \cdot x_2 \cdot x_3$ ($f(0,1,1)$ に対応), $x_1 \cdot \overline{x_2} \cdot \overline{x_3}$ ($f(1,0,0)$ に対応) の三つである. したがって, 求める主加法標準形は次式となる.

$$f(x_1, x_2, x_3) = \overline{x_1} \cdot \overline{x_2} \cdot \overline{x_3} + \overline{x_1} \cdot x_2 \cdot x_3 + x_1 \cdot \overline{x_2} \cdot \overline{x_3}$$

一方, 主乗法標準形では, $f(x_1, x_2, x_3) = 0$ となる最大項を論理積で結合する. 表3.21 で $f(x_1, x_2, x_3) = 0$ となる最大項は, $x_1 + x_2 + \overline{x_3}$ ($f(0,0,1)$ に対応), $x_1 + \overline{x_2} + x_3$ ($f(0,1,0)$ に対応), $\overline{x_1} + x_2 + \overline{x_3}$ ($f(1,0,1)$ に対応), $\overline{x_1} + \overline{x_2} + x_3$ ($f(1,1,0)$ に対応), $\overline{x_1} + \overline{x_2} + \overline{x_3}$ ($f(1,1,1)$ に対応) の五つである. したがって, 求める主乗法標準形は次式となる.

$$f(x_1, x_2, x_3) = (x_1 + x_2 + \overline{x_3}) \cdot (x_1 + \overline{x_2} + x_3) \cdot (\overline{x_1} + x_2 + \overline{x_3})$$
$$\cdot (\overline{x_1} + \overline{x_2} + x_3) \cdot (\overline{x_1} + \overline{x_2} + \overline{x_3})$$

(2) まず, $(x_1 + x_2) \cdot x_3$ を展開すると, $x_1 \cdot x_3 + x_2 \cdot x_3$ となる. 主加法標準形では, 最小項で表す必要があるため, $x_1 \cdot x_3$ では x_2 が, $x_2 \cdot x_3$ では x_1 が, それぞれ足りない. そこで, ここでは $x + \overline{x} = 1$ を利用する. したがって, $x_1 \cdot x_3$ は, $(x_1 \cdot x_3) \cdot (x_2 + \overline{x_2})$ とし, $x_2 \cdot x_3$ は, $(x_2 \cdot x_3) \cdot (x_1 + \overline{x_1})$ とする. そして, 展開 (括弧をとる) して, 整理すると

$$f(x_1, x_2, x_3) = x_1 \cdot x_2 \cdot x_3 + \overline{x_1} \cdot x_2 \cdot x_3 + x_1 \cdot \overline{x_2} \cdot x_3$$

となり, 主加法標準形となる.

(3) 与えられた論理式は, 主加法標準形であるため, それから真理値表を作り, その真理値表から主乗法標準形を作る. まず, 真理値表を作るために, 主加法標準形の各最小項が 1 になる x_1, x_2, x_3 を求める. すなわち, $x_1 \cdot x_2 \cdot x_3$ は (1, 1, 1), $\overline{x_1} \cdot x_2 \cdot x_3$ は (0, 1, 1), $\overline{x_1} \cdot \overline{x_2} \cdot \overline{x_3}$ は (0, 0, 0) に対応する. つぎに, 与式の真理値表を作成する. ここで, 上に挙げたもの以外, すべて 0 となるため, 真理値表は, **表3.22** となる. 最後に, 真理表の $f(x_1, x_2, x_3) = 0$ に対応する部分の最大項を求めて, 主乗法標準形を作る. したがって, 求める主乗法標準形は

表3.22 加法標準形からの真理値表

x_1	x_2	x_3	$f(x_1, x_2, x_3)$
0	0	0	1
0	0	1	0
0	1	0	0
0	1	1	1
1	0	0	0
1	0	1	0
1	1	0	0
1	1	1	1

$$f(x_1, x_2, x_3) = (x_1 + x_2 + \overline{x_3}) \cdot (x_1 + \overline{x_2} + x_3) \cdot (\overline{x_1} + x_2 + x_3)$$
$$\cdot (\overline{x_1} + x_2 + \overline{x_3}) \cdot (\overline{x_1} + \overline{x_2} + x_3)$$

となる。

3.6 論理関数の表現方法

　論理演算の表現方法には，前節で説明した標準形などの論理式や真理値表のほかに，論理回路による表現方法もある。コンピュータ内部の実際の回路は，この論理回路で構成されている。基本的な論理関数の表現方法を**表 3.23** に示す。表の基本的な回路要素を論理ゲート（あるいは単にゲート）と呼ぶ。各ゲートについて，論理変数に対応する線（表では A, B）を入力と呼び，その結果（同 F）に対応する線を出力と呼ぶ。AND, OR, XOR ゲートについて，論理変数が三つ以上の場合には，一つのゲートの入力の線を増やして描くことができる。論理回路ではこれらの論理ゲートを接続し，より複雑な論理関数を実現する。

　例えば，**図 3.5** は論理関数 $f(x_1, x_2, x_3) = \overline{\overline{x_1} x_2 + x_3}$ に対応する論理回路である。実際の回路図では，否定を表す論理ゲートの三角形はしばしば省略され，

表 3.23　基本的な論理関数の表現方法

関数名	論理式	論理回路
論理積（AND）	$F = A \cdot B$	
論理和（OR）	$F = A + B$	
否定（NOT）	$F = \overline{A}$	
排他的論理和（EX–OR, XOR）	$F = A \oplus B$	

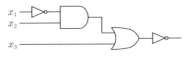

図 3.5　$\overline{\overline{x_1} x_2 + x_3}$ の論理回路

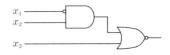

図 3.6　省略した論理回路

3.6 論理関数の表現方法

丸を前後のゲートに付けて表す．図 3.5 の例は，**図 3.6** のように省略する．

例題 3.8 論理関数の表現方法について，つぎの問いに答えなさい．

(1) **表 3.24** の真理値表から，まず，主加法標準形を導出し，導出した主加法標準形を論理回路で表しなさい．

(2) **図 3.7** に示す論理回路にから論理式を作り，その論理式から真理値表を作成しなさい．

表 3.24 真 理 値 表

x_1	x_2	x_3	$f(x_1,x_2,x_3)$
0	0	0	0
0	0	1	1
0	1	0	0
0	1	1	1
1	0	0	0
1	0	1	0
1	1	0	1
1	1	1	0

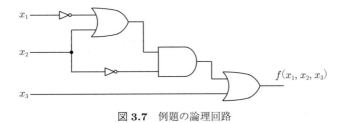

図 3.7 例題の論理回路

【解答】

(1) 表 3.24 の主加法標準形はつぎのようになる．

$$f(x_1,x_2,x_3) = \overline{x_1} \cdot \overline{x_2} \cdot x_3 + \overline{x_1} \cdot x_2 \cdot x_3 + x_1 \cdot x_2 \cdot \overline{x_3}$$

これをそのまま論理回路にすることを考える．**図 3.8** に示すように，ま

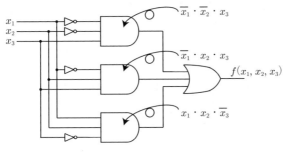

図 3.8 表 3.24 の論理回路

ず，最小項それぞれについて論理積をとるため3入力のANDゲートを用意する。論理変数 x_1, x_2, x_3 に対して，肯定リテラルに対応する変数はそのまま，否定リテラルに対応する変数はNOTゲートを通してANDゲートの入力につなぐ。さらに，最小項の論理和をとるためORゲートを用意し，ANDゲートの出力をORゲートの入力につなぐ。ORゲートの出力が論理関数値となる。

論理式の場合と同じくある論理関数を表す論理回路は複数ある。与えられた論理関数は図3.8以外の論理回路でも表すことができる。

(2) まず，**図3.9** の X についての論理式を求め，つぎに，Y についても同様に論理式を求める。

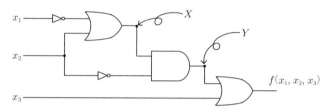

図 **3.9** 論理回路から論理式の導出方法

$$X = \overline{x_1} + x_2$$
$$Y = X \cdot \overline{x_2} = (\overline{x_1} + x_2) \cdot \overline{x_2} = \overline{x_1} \cdot \overline{x_2} + x_2 \cdot \overline{x_2} = \overline{x_1} \cdot \overline{x_2}$$
$$f(x_1, x_2, x_3) = Y + x_3 = \overline{x_1} \cdot \overline{x_2} + x_3$$

したがって，求める真理値表は，**表3.25** となる。ここで，図3.7を示す論理式は複数あるが，真理値表は一つである。

表 **3.25** 図3.8の真理値表

x_1	x_2	x_3	$f(x_1, x_2, x_3)$
0	0	0	1
0	0	1	1
0	1	0	0
0	1	1	1
1	0	0	0
1	0	1	1
1	1	0	0
1	1	1	1

◇

章　末　問　題

【1】 全体集合 $\Omega = \{x \mid x \text{ は } 10 \text{ 未満の自然数}\}$ として，$X \cap Y = \{2, 4\}$，$\overline{X \cup Y} = \{1, 9\}$，$X \cap \overline{Y} = \{3, 7\}$ とする。つぎの問いに答えなさい。
  (1) 集合 X と Y を外延的記法で表しなさい。
  (2) $\overline{X} \cup Y$ を外延的記法で表しなさい。

【2】 つぎの集合をベン図の中に示しなさい。
  (1) $(X \cup \overline{Y}) \cap (\overline{X} \cup Y)$
  (2) $(\overline{X \cap Y}) \cup (\overline{X \cap Z})$

【3】 つぎの命題の真理値表を作りなさい。
  (1) $(\overline{p} \wedge q) \vee (\overline{p \vee q})$
  (2) $\overline{p} \wedge (q \vee \overline{r})$
  (3) $(p \wedge q) \vee (\overline{q} \wedge \overline{r})$
  (4) $\overline{(p \vee q) \wedge \overline{p \vee r}}$

【4】 $f(x_1, x_2, x_3) = x_1 \cdot (x_2 + x_3) + x_1 \cdot x_3$ を主加法標準形で表しなさい。

【5】 表 3.26 の真理値表から，まず，主加法標準形を導出し，導出した主加法標準形を論理回路で表しなさい。

表 3.26　章末問題の真理値表

x_1	x_2	x_3	$f(x_1, x_2, x_3)$
0	0	0	1
0	0	1	1
0	1	0	0
0	1	1	0
1	0	0	1
1	0	1	0
1	1	0	0
1	1	1	1

【6】 図 3.10 に示す論理回路から論理式を導出し，その論理式から真理値表を作成しなさい。

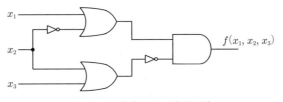

図 3.10　章末問題の論理回路

4 記憶と接続

本章では，コンピュータの五つの構成要素の中で記憶・入力・出力に関わる，レジスタおよびメモリ，それらの接続方法であるセレクタやバス，さらにメモリマップドI/Oによるバスを介した入出力について解説する。

4.1 レジスタ

レジスタ（register）とはデータを保存する回路である。プロセッサ内部ではデータは$\{0,1\}$をn個並べたバイナリデータと呼ばれる形式で表現される。このバイナリデータを用いて，論理ベクトル（ビットパターン）や2進数値を表す。レジスタの基本となるのは1ビットの$\{0,1\}$値を保存するディジタル回路である。本書では，標準的なディジタル回路の実装手法である単相同期回路を扱う。すなわち，タイミングをつかさどる一定周期で単一のクロック信号を用い，回路全体がそれにあわせて動作する。レジスタはクロック信号の立上り（あるいは立下り）の瞬間にあわせて入力値を保持し，出力する。以降では，特に区別する必要がないかぎり立上りで動作するものとして解説する。

図 **4.1** にレジスタを表すシンボルの例を示す。D, Qはそれぞれ入力信号，出力信号である。CLKは動作タイミングを制御するクロック信号，$\overline{RST}$は記憶値をゼロにするリセット信号（負論理）である。ここで，負論理とはその機能や動作を0で指示する信号であり，信号名の上の線で表す。逆に1で指示するものを正論理という。

図 **4.2** に動作タイミングを示す。一般に，回路の動作開始時に全体にリセッ

4.1 レジスタ 73

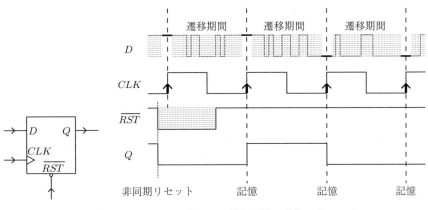

図 4.1 D フリップフロップ

図 4.2 単相同期の動作タイミング

トがかかる．システムの基幹回路では，非同期リセットと呼ばれる方式をとり，クロックに依存せずただちに強制的にリセットがかかる．これは図での $\overline{RST}$ が 0 の期間に相当する．あるクロックの立上りで信号を取り込んで出力する．レジスタの出力が組合せ回路の入力となり，組合せ回路の出力がつぎのレジスタの入力となる．組合せ回路による計算途中（図での遷移期間）では，信号遷移を繰り返し不安定になる可能性がある．最終的に信号は安定（D が太線の期間）し，つぎのクロックの立上り（図の CLK が "↑" の時刻）でレジスタに記憶される．これを繰り返して，計算手順を進めていく．

クロックの立上りで値を保存・出力する回路をフリップフロップ（flipflop⋯「パタパタする音や物」の意味，FF と略記）という．フリップフロップを実現する回路はいくつか知られているが，本書では，動作原理が単純でわかりやすい SR ラッチおよびそれに基づくフリップフロップを紹介する．

┌─ コーヒーブレイク ─

register と resistor

回路を扱っていて，2 種類の "レジスタ" が出てくるので混同しないように注意しよう．一つは，ここで紹介しているディジタル回路の記憶素子 register，もう一つは，電気回路の基本素子である抵抗器の resistor である．

4.1.1 SR ラッチ

ディジタル回路を構成する基本素子は NOT（INV），AND, OR などの論理ゲートであり，これらは入力信号に対してただちに（厳密には一定の遅延のあとに）結果を出力するのみで，値を記憶する機能はない。ここで NOT ゲート二つを図 4.3 に示すようにループ状に接続してみる。このときの各信号の値を考えると，つぎの二つの場合に分けられる。

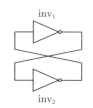

図 4.3 インバータループ

場合 1 inv_1 の出力が 0 なら，inv_2 の入力は 0 となり，inv_2 の出力は 1 となる。すると inv_1 の入力が 1 なので inv_1 の出力は 0 となる。

場合 2 inv_1 の出力が 1 なら，inv_2 の入力は 1 となり，inv_2 の出力は 0 となる。すると inv_1 の入力が 0 なので inv_1 の出力は 1 となる。

どちらの場合も，信号の入出力値は一周まわって整合し，安定する。この二つの場合を，それぞれ「0 を記憶している状態」，「1 を記憶している状態」と解釈することができ，inv_1 の出力が記憶している値となる。しかし，このままでは，記憶しているだけで書き込むことができない。inv_1 の出力を強制的に 0 または 1 にする，あるいは，inv_2 の出力を強制的に 0 または 1 にすれば，値を書き込むことができる。そこで，図 4.4 に示すように NOT を NAND に置き換えて外部からの入力を接続する。NAND ゲートでは，片方の入力が 0 であればほかの信号値に関わらず出力は 1 となる。すなわち，外部からの入力を 0 にすることで強制的に出力を 1 にできる。

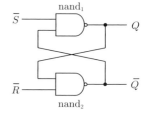

図 4.4 SR ラッチ

このような記憶回路を SR ラッチ（SR–latch）と呼ぶ。$nand_1$ 側の外部入力を 0 にすると記憶値は 1 となる。これはすなわち「値を 1 に set する」という意味の負論理信号であり，$\overline{S}$ と表記する。同様に，$nand_2$ 側は「値を 0 に reset する」負論理信号であり，$\overline{R}$ と表記する。ラッチで

は記憶している値とその反転の信号を出力することができる。それぞれ Q, $\overline{Q}$ と表記する。ラッチの入出力信号と動作を**表 4.1** にまとめる。

表 4.1 SR ラッチの入出力と動作

$\overline{S}$	$\overline{R}$	Q	$\overline{Q}$	動作の意味
1	1	直前の値を保持	直前の値を保持	保持
0	1	1	0	1 を保存
1	0	0	1	0 を保存
0	0	1	1	想定外

┌─ コーヒーブレイク ─┐

記憶と発振〜インバータループ

二つのインバータをループ状に接続したものが SR ラッチの記憶の基本構造であった。ここで，**図 2** に示すような n 個のインバータをループ状につないだ回路を考える。

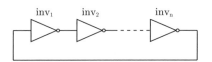

図 2 n 個のインバータをループ状につないだ回路

一般に，偶数個のインバータをループ状に接続すれば，その出力は $1010\cdots 0$ あるいは $0101\cdots 1$ のどちらか一方で安定する。ところが，奇数個のインバータをループ状に接続すると，例えば inv_1 の出力を 1 と仮定すると $1010\cdots 1$ となり一周まわって，1 であったはずの出力が 0 になり，前提に矛盾する。実際にはインバータの反応には時間がかかるため，0 から 1 あるいは 1 から 0 の値の変化がこのループをぐるぐるとまわることになる。例えば，5 個のインバータループで一つに 2 ns の時間がかかるとすると，一周するのに 10 ns かかり，反転して反転してもとにもどるのに 20 ns かかる。この回路は 50 MHz で発振する。インバータループは，偶数個では記憶回路となり，奇数個では発振回路となるのである。このような発振回路をリングオシレータ（ring oscillator）と呼ぶ。

例題 4.1 $(\overline{S}, \overline{R})$ が，**図 4.5** のように変化したときの $(Q, \overline{Q})$ の値を示しなさい。

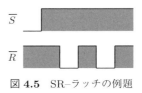

図 4.5 SR–ラッチの例題

【解答】 $\overline{S} = 0$ のときに $Q = 1$，$\overline{R} = 0$ のときに $Q = 0$，それ以外は保持なので**図 4.6** のようになる。

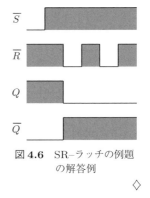

図 4.6 SR–ラッチの例題の解答例

◇

4.1.2 D ラッチ

SR ラッチは，$\overline{S}$ あるいは $\overline{R}$ の信号が 0 になると，ただちに記憶している値を更新する。単相同期回路では，ある特定のタイミングで値を更新し，それ以外のタイミングではたとえ入力が変化してもそれは反映しない。制御や演算を実行する論理回路では，入力値が与えられてから出力値が安定するまでの間に一時的に信号が遷移する可能性がある。信号が不安定な期間に一瞬でも $\overline{S} = 0$ ($\overline{R} = 0$) になれば値はセット（リセット）される。このままでは記憶回路として扱いが非常に難しい。そのため，更新と保持のタイミングをクロック信号で制御する。

このようなクロック信号で制御するものに，**図 4.7** に示す D ラッチ (D–latch) がある。SR ラッチの前にクロックによるタイミング制御を加えたものである。まず，1 段目のインバータで D と $\overline{D}$ の信号対を生成（もともと対になっている場合は不要）する。2 段目の NAND マスクでは CLK が 0 のときは $(1, 1)$ を出

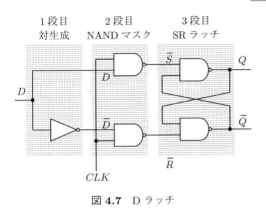

図 4.7 D ラッチ

表 4.2 D ラッチの入出力と動作

CLK	Q	動作の意味
0	直前の値を保持	保持
1	D	通過

力し，1 のときは $(\overline{D}, D)$ を出力する。このため，3 段目の SR ラッチは，CLK が 0 のときは値を保持し，CLK が 1 のときには $(D, \overline{D})$ を出力する。各段で対の値が $(D, \overline{D}) \to (\overline{D}, D) \to (D, \overline{D})$ と反転していることに注意されたい。D ラッチは，クロックによって信号の通過あるいは保持を制御する記憶回路である。その入出力と動作を **表 4.2** にまとめる。

例題 4.2 図 4.7 の D ラッチについて，入力信号 D と CLK が**図 4.8** のように変化したとき，Q の値を示しなさい。

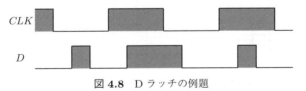

図 4.8 D ラッチの例題

> ### コーヒーブレイク
>
> **D ラッチと多相同期回路**
>
> D ラッチは通過と保持を制御する記憶回路である。D ラッチで回路を構成したとき，すべてのラッチが同時に通過になってしまうと，動作が不定になってしまう。そのため，D ラッチを使用するには，回路中のラッチを複数のグループに分け，それぞれ異なるタイミングのクロック信号を供給することで，安定した通過と保持の制御を実現する。このような回路を多相同期回路という。

78 　　4. 記 憶 と 接 続

【解答】 $CLK=1$ のときに $Q=D$, $CLK=0$ では保持なので図 **4.9** のようになる。

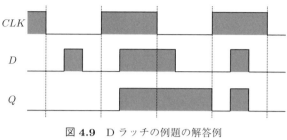

図 **4.9** D ラッチの例題の解答例　　　　　　　　◇

4.1.3　マスタスレーブ型 D フリップフロップ

D ラッチを二つ用いて，クロックの立上りで値を取り込む回路をマスタスレーブ型 D フリップフロップと呼ぶ。その構成を図 **4.10** に示す。この型のフリップフロップは D ラッチを 2 段並べた構造を持ち，前段と後段で反転させたクロック（CLK_p と CLK_n）を供給する。

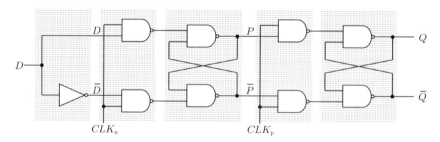

図 **4.10**　マスタスレーブ型 D フリップフロップ

このフリップフロップでは，後段が通過のときには前段が値を保持し，前段が通過のときには後段が値を保持する。マスタスレーブ型 D フリップフロップのタイミングを図 **4.11** に示す。斜線部分の期間（前段のクロック CLK_n が 0，後段のクロック CLK_p が 1 の期間）は，前段が値を保持（hold）し，後段は通過（through）している。一方，網掛部分の期間（$CLK_\mathrm{n}=1$, $CLK_\mathrm{p}=0$ の期間）はその逆である。これにより，CLK_p が立ち上がるときの D の値が Q に出力される。

4.1 レジスタ　　79

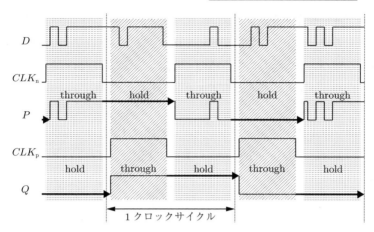

図 4.11 マスタスレーブ型 D フリップフロップのタイミング

4.1.4　セットアップタイムとホールドタイム

図 4.10 の回路を 1 系統（単相）のクロックで使用するには，CLK_n に CLK_p の反転を与えればよい。しかし，クロックが反転する瞬間に，前後段両方のラッチが通過になってしまう可能性がある。そのため，この回路を使うには注意が必要である。**図 4.12** にクロック対を生成する回路例と詳細のタイミングを示す。単一のクロック CLK からクロック対 CLK_p，CLK_n を生成する際，必ず CLK_n が少し遅れるように設計する。この回路では，インバータの動作時間分だけ CLK_n が遅れる。これにより，CLK の変化の際の短時間だけ前後段の両方が通過あるいは保持になってしまう。立下りでは両方が保持になるので問題ない。立上りで値を取り込むので，この両方通過の間さえ入力信号が安定して

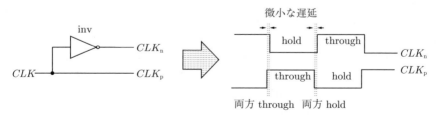

図 4.12 反転クロックの生成と詳細タイミング

80　4. 記 憶 と 接 続

いれば，正常に動作する。このようにフリップフロップには詳細タイミングとマージンを考慮した慎重な設計が求められる。クロックの立上り直前に確保しなければならない入力信号の安定期間（時間マージンの制約）をセットアップタイムと呼び，立上り直後をホールドタイムと呼ぶ。

例題 4.3　図 4.10 のフリップフロップに，**図 4.13** のようなクロックを接続して，入力信号 D と CLK が図のように変化したとき，Q の値を示しなさい。

┌──コーヒーブレイク──

非同期リセット信号と同期ロード信号

　D フリップフロップでは，毎クロックの立上り時に値を読み込む。実用には，初期化のためのリセット信号や読込みと保持を切り換えるロード信号が必要となる。**図 3** に，リセット信号 $\overline{RST}$ とロード信号 LD を付加したフリップフロップの回路の一例を示す。電源投入やハードウェアリセットの際には，強制的な初期化が必要である。図のように前後段の SR ラッチを直接リセットすることにより，クロックタイミングに依存しない非同期リセット信号となる。読込み/保持の制御について，図のように出力 Q をフィードバックし，D ラッチの入力として外部入力 D と Q のどちらかを LD で選択することで実現できる。保持する代わりに現在の値を読み込みなおすのである。

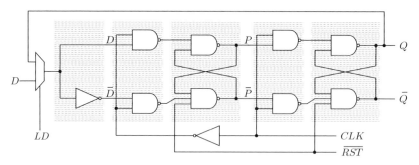

図 3　非同期リセット信号 $\overline{RST}$ とロード信号 LD を付加した D フリップフロップ

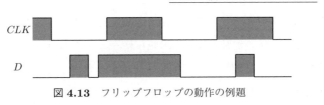

図 4.13　フリップフロップの動作の例題

【解答】　CLK が立ち上がった瞬間に値を取り込み，それ以外では保持するので図 4.14 のようになる。

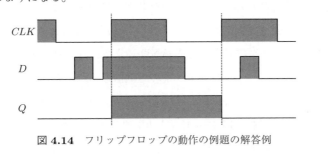

図 4.14　フリップフロップの動作の例題の解答例　　◇

4.2　接　　　続

　演算時にはレジスタ，演算器，メモリや入出力の間でデータ値の転送が発生し，そのための機構が必要になる。データ値の出力と入力が一対一の固定であれば，対応する入出力信号を単純に結線すればよい。しかし，**図 4.15** に示すように，演算ユニット（ALU）の入力 A と B に，レジスタ（R0～R7）を選んで値を入力するためには，切換え可能な接続が必要である。ここではセレクタとバスを紹介する。セレクタ（selector, SEL）は，論理ゲートで構成した入力

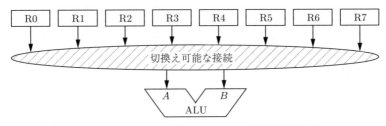

図 4.15　ALU に入力するレジスタの選択と信号接続

選択回路であり,マルチプレクサ(multiplexor,MUX)とも呼ばれる。おもにチップ内での少数の信号切換えに用いられる。バス(bus)は,複数の入出力で信号線を共用し,必要に応じて接続・切断する方法である。プロセッサとメモリや外部機器との接続など,チップ間の接続,多数の接続に用いられる。

4.2.1 セレクタ

セレクタは複数の入力値のうち一つを選択的に通過させる組合せ論理回路である。ここでは図 4.16 に示すように信号の通過・遮断を実現するのに AND ゲートを用い,マスク信号と入力の AND により,信号通過あるいは遮断(ゼロ)を制御する。セレクタは,n ビットの選択信号($S = s_{n-1}s_{n-2}\cdots s_0$)と 2^n 本の入力信号($X = x_{00\ldots 0}x_{00\ldots 1}\cdots x_{11\ldots 1}$)が与えられ,$S$ 番目の信号 x_S を選択し,出力する。図 4.17 に 4 ビットセレクタの回路例を示す。左列の AND ゲートでは,S の信号値それぞれに対応するマスク信号 $M = m_{00}m_{01}m_{10}m_{11}$ を生成する。中央列で,各入力信号 x_i に対してマスク信号 m_i との AND をとることにより通過(x_i)させる,あるいは遮断(0)する。これらを右の OR ゲートで集約することで,通過した信号が出力される。セレクタを表すシンボルを図 4.18 に示す。

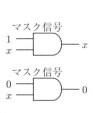

図 4.16 AND ゲートによる信号のマスク

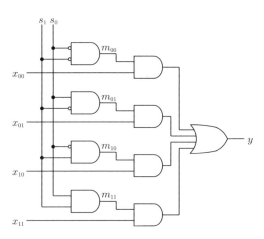

図 4.17 4 ビットセレクタの回路例

4.2 接続

図 4.18 4 ビットセレクタ
のシンボル

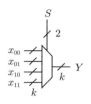

図 4.19 4 組の k ビット信号
から一組を選ぶ回路

k ビット信号を扱うには，1 ビットのセレクタを k 個並べればよい。**図 4.19** に 4 組の k ビット信号から一組を選ぶ回路を示す。さらに，出力先が l 個ある場合にはこれを l 個並べ，それぞれの出力 Y_i に対して選択信号 S_i を与えることで多ビット，多入力，多出力のセレクタが実現できる。セレクタでは各出力がそれぞれ同時かつ独立に入力を選択できる反面，2^n 組の k ビットの信号線を l 箇所の出力先に接続するための配線が回路実装上の大きなコストとなる。

例題 4.4 図 4.18 において，x_{00}, $x_{01}, x_{10}, x_{11}, S$ が **表 4.3** の値をとるとき，y の値を示しなさい。

表 4.3 セレクタの例題

x_{00}	x_{01}	x_{10}	x_{11}	S	y
0	1	1	0	00	
0	1	0	1	01	
0	0	1	1	10	
0	1	1	0	11	

【解答】 $S = 00$ のとき x_{00}, $S = 01$ のとき x_{01}, $S = 10$ のとき x_{10}, $S = 11$ のとき x_{11} を選ぶので，**表 4.4** のようになる。

表 4.4 セレクタの例題の解答例

x_{00}	x_{01}	x_{10}	x_{11}	S	y
0	1	1	0	00	0
0	1	0	1	01	1
0	0	1	1	10	1
0	1	1	0	11	0

4.2.2 バ ス

セレクタは配線が多く，また入出力の個数に拡張性がない。そこで，配線の利用効率と拡張性の向上を目的としたものにバスがある。バスでは，接続のた

めの配線をすべての入出力で共有する。信号を送受する回路とバスは通常電気的に切り離しておき，送受信の際に必要なものだけを接続する。

送受信回路とバスは，トライステートバッファ（tri–state buffer）あるいはスリーステートバッファ（three–state buffer）と呼ばれる電気的なスイッチを介して接続される。図 4.20 にトライステートバッファを示す。ゲート信号 G が 1 のとき，入力信号 X が出力 Y に現れる。一方，ゲート信号 G が 0 のとき，出力は切り離されハイインピーダンス（high impedance，高抵抗，開放）状態となる。出力が 0/1/ハイインピーダンスの 3 状態をとることからトライステートと呼ばれる。

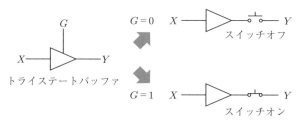

図 4.20　トライステートバッファとその動作

トライステートバッファを用いて複数の回路モジュールが信号線を共有する例を図 4.21 に示す。図では，三つのモジュール X_1，X_2，X_3 からの出力が 1 本の信号線を共有している。ゲート信号 G_1，G_2，G_3 のいずれか一つを 1 にすることで該当モジュールがこの信号線を使用する。この信号は三つのモジュール Y_1，Y_2，Y_3 の入力となる。受け取る側は特にトライステートバッファを置く必要はない。必要なときに値を受け取って動作し，そうでなければ動作しなければよい。多ビット信号の場合は，この共有信号線とゲートを複数束ねて使用する。このように複数の回路モ

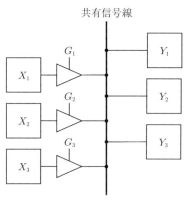

図 4.21　トライステートバッファによる信号線の共有

ジュールで共有する信号線，およびそのような切換え方式をバスと呼ぶ。

バスに信号を入力することを「バスをドライブ（drive, 駆動）する」という。バスは同時には一つのモジュールしかドライブできない。その代わりに，必要とする論理素子や配線が少ない。また，新たなモジュールを追加するには，トライステートバッファを介してバスの信号線に接続するだけでよいため，拡張性に優れている。バスの使用にあたって，バスをドライブするモジュールの選択とそのタイミングの制御が必要となる。

汎用のバスでは，信号線，制御方法，タイミングなどが定められ，標準化・規格化されている。

例題 4.5 図 4.21 において，$X_1, X_2, X_3, G_1, G_2, G_3$ が**表 4.5** の値をとるとき，バス（共有信号線）の値を示しなさい。

表 4.5　バスの例題

X_1	X_2	X_3	G_1	G_2	G_3	バス
0	0	1	1	0	0	
0	1	1	0	1	0	
0	1	0	0	0	1	
1	1	0	0	0	0	

【解答】　$G_i = 1$ の入力を選ぶので，**表 4.6** のようになる。なお，すべて 0 の場合はハイインピーダンスとなる。

表 4.6　バスの例題の解答

X_1	X_2	X_3	G_1	G_2	G_3	バス
0	0	1	1	0	0	0
0	1	1	0	1	0	1
0	1	0	0	0	1	0
1	1	0	0	0	0	ハイインピーダンス

コーヒーブレイク

ハイインピーダンスとプルアップ/プルダウン

すべての入力がハイインピーダンスのときに，バスの値は電気的に不定となる。そのため，バスの共有信号線を抵抗を介して電源あるいは GND に接続する。これにより，バスがドライブされていないときには，値1あるいは0になる。このような方法をプルアップ（値1）あるいはプルダウン（値0）という。

クロスバスイッチとトークンリング

ほかの多対多接続の切換え方法として，クロスバスイッチとトークンリングがある。クロスバスイッチ（cross-bar switch）は，複数の送信モジュールからの信号線と複数の受信モジュールへの信号線を交差させ，交点にスイッチを配置することで，送受信の組合せの切換えを行う。図4に4入力4出力のクロスバスイッチの構成例を示す。バスに比べて，配線やスイッチ（トライステートバッファ）が増加するが，複数の受信モジュールが同時かつ独立に接続できる点で自由度が高い。

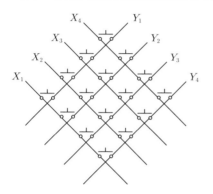

図4　クロスバスイッチ

トークンリング（token ring）は，複数のモジュールが相互に接続を切り換える方法である。セレクタや基本的なバス，クロスバスイッチが組合せ回路的に同一クロックサイクル内で情報を伝達するのに対し，トークンリングでは複数クロックサイクルをかけて伝達する。送受信モジュールをリング状に接続し，一方通行の「バケツリレー」でデータを転送する。図5にトークンリングの構成例を示す。トークンと呼ばれる送信権を表す制御データを回しておき，送信はトークンを受け取ってから宛先とデータをリングに送出する。各モジュールは自身宛のデータを見つけたらそのデータを受け取り，トークンを送出する。トークンリングは複数クロックサイクルの複雑な動作を要するため，プロセッサと外部機器との接続や小規模ネットワークなどで採用される。

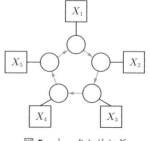

図5　トークンリング

4.3 メモリ

メモリは，プログラムやデータを格納する記憶装置である．メモリではワード（語）と呼ぶ固定長のビット列を読み書きの単位とする．8ビット，16ビット，32ビットなどの2の累乗のワード長がよく用いられる．COMET IIでは16ビットのワードを用いる．メモリは複数のワードを持ち，アドレス（番地）によって対象ワードを特定する．アドレスもビット列で表現し，nビットのアドレスで最大2^n個のワードを扱うことができる．

4.3.1 メモリの種類と特徴

メモリは，図4.22に示すようにその製造方法や特徴によって分類される．まず，読み書き可能なRAM（random access memory）と原則読出しのみのROM（read only memory）に大別される．RAMはさらにSRAM（static RAM）とDRAM（dynamic RAM）に大別される．ROMは書込みができないメモリである．ここでは，書込みになんらかの制限があっ

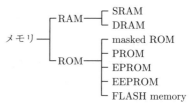

図4.22 メモリの種類

たり，特別な扱いが必要なメモリもROMに分類する．SRAMやDRAMが電源を切ると値が消えてしまう揮発性（volatile）メモリであるのに対し，ROMは不揮発性（non–volatile）のメモリである．電源投入時のシステム起動のためのプログラムや設定データの保存，あるいは外部記憶装置などに用いられる．

SRAMはインバータループ（トランジスタによる反転ループ）を基本記憶素子とするメモリである．非常に高速に読み書きできる反面，ビット当りの面積や価格が大きくなる．実用上は数K〜数Mビット程度の容量で，高性能が求められるプロセッサのオンチップメモリ，キャッシュ，スクラッチパッドメモリ，バッファメモリなどに用いられる．

DRAM はキャパシタ（コンデンサ）を基本記憶素子とする。キャパシタに溜まった微小電荷で 0, 1 を表現するため，読出しには複雑な手順（プリチャージ，センスアンプなど）を必要とする。また，定期的に読み出して書き直す動作（リフレッシュ動作）が必要になる。SRAM に比べて応答速度は遅くなるが，ビット当りの面積や価格を抑えられ，数百 M〜 数十 G ビットの大容量なメモリを実現できる。プロセッサの主記憶などに用いられる。

マスク ROM (masked ROM) は，回路そのものにビット値を埋め込むメモリである。データは集積回路製造に用いられるフォトマスクによりメモリに書き込まれる。最高の速度・集積度を達成でき，書き込まれた値は永続的に安定である反面，書き換えることはできない。

PROM (programmable ROM, one–time programmable ROM) は，一度だけ書込みができるメモリで，ヒューズ (fuse) やアンチヒューズ (anti–fuse) などを記憶素子とし，高電圧をかけ大電流を流して「焼き切る」ことで値を書き込む。書込みのための回路を必要とするが，速度，集積度，持続性に優れる。半導体製造時ではなく，機器の製造・出荷時に書き込むことができる。書き換えることができないため，製品の固有番号の埋込みなどにも適している。

──コーヒーブレイク──

RAM と ROM の対義語

現在は，読み書き可能な RAM と読出しのみの ROM の呼称が定着しているが，本来の意味を考えると必ずしも適切ではないだろう。

random access memory の対義語（対立概念）は本来は sequential access memory である。一般的な SRAM などの半導体メモリが任意のアドレスに対して任意の順番で（ランダムに）アクセス可能であるのに対し，例えば磁気テープなどの記憶装置では順番に（シーケンシャルに）アクセスしなければならない。さらに，現在の半導体メモリで高速データ転送するには連続するアドレスに対して順にバーストアクセスしなければならない。これをランダムアクセスと呼んでよいか，悩ましい。read only memory の対義語は read/write memory である。write only memory に存在意義はない。

EPROM（erasable programmable ROM）は，メモリ上の値を消去して再び書き込むことのできるメモリである．トランジスタのフローティングゲート（電気的に絶縁されたゲート端子）を基本記憶素子とし，高い電圧で電荷を注入することでデータを書き込む．初期の EPROM（UV–EPROM, ultra–violet EPROM）では，フローティングゲートに紫外線を照射することで書き込まれたデータを消去する．EEPROM（electrically erasable ROM）は，紫外線ではなく電気的に消去できるメモリである．

いずれも，消去・書込みに数秒〜数分の時間がかかり，回数に数百〜数百万回の上限があるため，頻繁な書換えには向かない．機器の起動プログラムや設定データの格納などに用いられる．

フラッシュメモリ（flash memory）は，EEPROM 同様にフローティングゲートを基本記憶素子とし，電気的に消去・書込みが可能なメモリである．EEPROM と比べれば消去・書込みは速く（しかし SRAM, DRAM と比べたらずいぶん遅い），大容量化に向くが，一般に数 K〜数百 K ビットのブロック単位での読み書きとなり，ワード単位でのランダムアクセスはできない．プロセッサの主記憶には向かないが，起動プログラムや設定データの格納，また，USB メモリやメモリカードなどの大容量外部記憶として用いられる．

4.3.2 プロセッサとメモリ

プロセッサとメモリ（主記憶）はメモリバスを介して接続され，原則プロセッサからメモリに指示を出して読み書きを行う．**図 4.23** にメモリバスによるプロセッサとメモリの接続例を示す．メモリバスはプロセッサからメモリへの n ビットのアドレス信号（A, address），1 ビットの読出し指示信号（RE, read enable），1 ビットの書込み指示信号（WE, write enable），そして双方向の m ビットのデータ信号（D, data）からなる．読出し指示信号と書込み指示信号をあわせて制御信号と呼ぶ．これらの信号はそれぞれバスの共有信号線に接続される．

図 4.24 にメモリの読み書きのタイミングの例を示す．読出しの際には，プロ

90   4. 記憶と接続

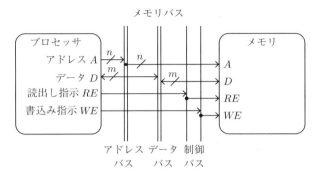

図 4.23　メモリバスと接続

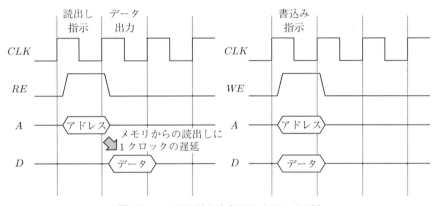

図 4.24　メモリ読み書きのタイミングの例

セッサからアドレス（A）と読出し指示（RE）を与え，メモリからデータ（D）が出力される。書込みの際には，プロセッサからアドレス（A），データ（D）と書込み指示（WE）を与える。なお，図中のアドレスやデータ信号線上の六角形は多ビットの有効なデータが出力されていることを示す。読み書き，特に読出しには通常数クロックサイクル〜数十クロックサイクルの時間を要する。図では読出しに 1 クロックサイクルを要するメモリを想定している。高速なオンチップの同期 SRAM などがこれに相当する。

例題 4.6　図 4.24 で示されるタイミングで読み書きするメモリを考える。

メモリとレジスタが図 4.25 の場合，つぎの操作をしたときの RE, WE, A, D の信号値とタイミングを図示しなさい。

(1) 81h 番地にレジスタ GR1 の値を書き込む。
(2) 82h 番地からレジスタ GR2 に値を読み出す。

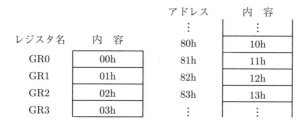

図 **4.25** メモリとレジスタの関係

【解答】 図 4.26 のとおり。

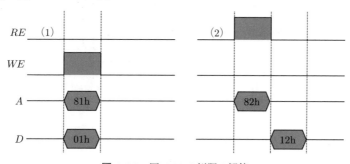

図 **4.26** 図 4.24 の例題の解答

コーヒーブレイク

メモリやバスの種類

メモリやバスの仕様によっては，制御信号が負論理のもの，双方向のデータ線ではなくデータ入力信号（D）とデータ出力信号（Q）が分かれているもの，読出しと書込み共通の指示信号（EN）と読み書きを区別する信号（$R/\overline{W}$）からなるものなどがある。また，一つのバスに複数のメモリを接続するときに用いる選択信号（CS, chip select）を持ち，アドレスデコーダの出力を CS に接続するものもある。さらに，応答時間も一定とは限らず，そのため応答信号を持つものもある。必要に応じて，それぞれのマニュアルやデータシートを参照されたい。

92   4. 記 憶 と 接 続

4.3.3 アドレス空間と共有

メモリバスのアドレスを n ビットとすると，論理的には 2^n 個のワードを格納する一つの大きなメモリとなる。これをアドレス空間あるいはメモリ空間と呼ぶ。実際にはメモリバスには複数のメモリ，さらには入出力装置やレジスタを接続し共有することができる。**図 4.27** に，メモリバスの共有の例として，監視カメラシステムの構成を示す。

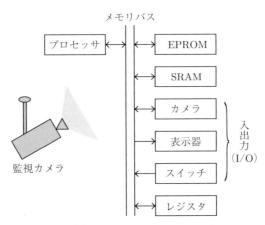

図 4.27　監視カメラシステムでのメモリバスの共有の例

アドレス空間の共有の例を**図 4.28** に示す。ここでは 16 ビットのアドレス空間に対し，0000h から 3FFFh 番地には各種設定情報とプログラムを格納した EPROM を割り当てる。そのうち 0000h からの数ワードには後述する割込みベクタを配置する。8000h から BFFFh 番地にはデータを格納する SRAM を割り当てる。F000h から F7FFh 番地，FFF0h から FFFFh 番地にはそれぞれ後述する入出力（メモリマップド I/O）とレジスタ（メモリ

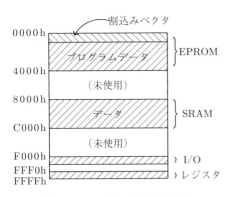

図 4.28　アドレス空間の共有とメモリマップの例

マップドレジスタ)を割り当てる。このようにアドレス空間をさまざまなメモリや用途に割り当てること，あるいはその割当てをメモリマップ(memory map)と呼ぶ。

アドレス空間を複数の用途にそれぞれ割り当てたとき，各デバイス（メモリ，入出力，レジスタなど）は，自身に割り当てられたアドレスに対するアクセスにのみ反応する。そのために，アドレスを判定する回路を持つ。例として，16ビットのアドレス空間の 8000h から BFFFh 番地に 4000h ワードの SRAM を割り当てることを考える。割り当てられたアドレスは 2 進数では 1000000000000000b ～ 1011111111111111b であり，上位 2 ビットが 10 となる部分である。割当て範囲のアドレスに対して 1 を出力する回路をアドレスデコーダと呼ぶ。なお，下位 14 ビットはそのまま SRAM のアドレスとなる。図 4.29 にアドレスデコーダの構成例を示す。このようにアドレスデコーダの出力と制御信号の AND を取ることにより，自身のアドレス空間にのみ反応するメモリや入出力が構成できる。

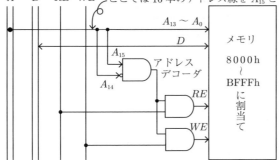

図 4.29　メモリバスへの接続とアドレスデコーダの例

例題 4.7　図 4.29 にならってつぎのアドレス空間に割り当てられたメモリのアドレスデコーダと接続を示しなさい。

(1)　7000h～7FFFh

(2)　8000h～FFFFh

【解答】 図 4.30 と図 4.31 のとおり。

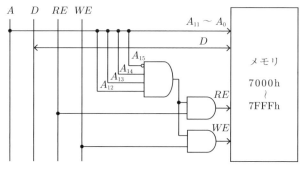

図 4.30　7000h～7FFFh の場合の解答

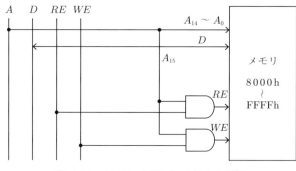

図 4.31　8000h～FFFFh の場合の解答　　　　◇

4.3.4　メモリマップドI/O

　メモリバスとそのアドレス空間は，メモリに限らず外部モジュール（例えば，カメラ，人感センサ，表示器など）のための入出力（I/O）やプロセッサ内の各種設定に使用するレジスタなどさまざまな用途に使用される．メモリマップドI/O（memory-mapped input/output）はアドレス空間に割り当てられた入出力である．割り当てられたアドレスに対し，メモリに書き込むのと同様に値を書き込む（ストア命令）と，その値が外部に出力される．また，値を読み込む（ロード命令）と外部からの入力値が読み込まれる．

　物理的には，外部モジュールのためのインタフェース回路をメモリバスに接

続し，割り当てられたアドレスに対応したアドレスデコーダを置く．典型的なインタフェース回路は，内部にレジスタを持ち，WE信号でメモリバスからレジスタに書き込み，RE信号でレジスタからメモリバスに出力する．このような形式の入出力をレジスタ型インタフェースと呼ぶ．図4.32にレジスタ型インタフェースの出力の構成例を示す．

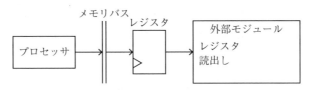

図4.32　レジスタ型インタフェースによる出力

プロセッサ自身の各種設定や状態確認のためのレジスタをメモリ空間に配置することもある．このようなレジスタをメモリマップドレジスタ（memory-mapped register）と呼ぶ．プロセッサの消費電力や電圧の状態の確認，動作速度の設定，内蔵するタイマの制御，後述する割込みの制御など，設定すべき項目は多岐にわたる．そのための専用レジスタや専用命令を一つひとつ設けていては，命令が長く複雑になってしまう．それらのレジスタをメモリ空間上に配置することで，命令体系を簡潔に保つことができる．

プロセッサによっては，メモリバスとは別に入出力や各種レジスタに独立したバスとアドレス空間を与えるものもある．対象とするプロセッサの仕様を確認されたい．

4.3.5　DMA

通常の入出力では外部からプロセッサの主記憶にデータを転送する場合

- ロード命令で外部からレジスタに読み込む
- ストア命令でレジスタからメモリに書き込む

の二つの作業を繰り返す．このとき，プロセッサによるデータ転送では，図4.33に示すようにデータはメモリバスを往復し，またロード/ストア命令やループのための命令を読み込んでは解釈，実行することを繰り返し，非効率である．

> **コーヒーブレイク**

ストリーム型インタフェースとメモリ型インタフェース

レジスタ型インタフェースでは，レジスタは「その時点でその値を保持している」という状態を示すのみである。例えば，値 1 を 1 回書き込んでも 3 回書き込んでも値 1 を保持していることには変わりないし，値を書き換えない限り何回読み出しても値 1 のままである。

状態ではなく，データ列を送受したい場合にはストリーム（stream）型のインタフェースを用いる。図 6 にストリーム型インタフェースによる出力の構成例を示す。メモリバスに FIFO（first–in first–out）バッファの一端を接続し，反対側を外部に接続する。出力では，当該アドレスへの書込みのたびに FIFO に一つ書き込む。入力では，当該アドレスからの読出しのたびに FIFO から一つ読みだす。例えば，値 1 を 3 回書き込んだら値 1 のデータが 3 個 FIFO に入れられる。FIFO は満杯（full）では書き込めず，空（empty）では読み出せないため，読み書きの前に状態の確認が必要となる。書込みには満杯を示すフラグまたは空き数を，読出しには空を示すフラグ，またはデータ個数を確認できるように，別途レジスタ型インタフェースを設ける。

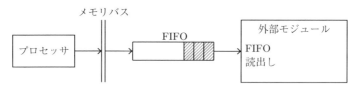

図 6　ストリーム型インタフェースによる出力

メモリそのものを外部との入出力に用いるものを，メモリ型インタフェースと呼ぶ。読み書きのポートを二つ持つメモリを用い，一方をプロセッサのメモリバスに，もう一方を外部に接続する。プロセッサと外部（それは別のプロセッサかもしれない）でメモリを共有する。図 7 にメモリ型インタフェースの出力の構成例を示す。

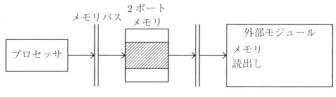

図 7　メモリ型インタフェースによる出力

4.3 メモリ　97

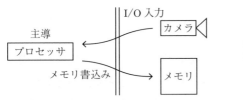
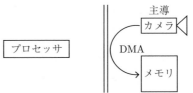

図 4.33　プロセッサによるデータ転送　　　図 4.34　DMA の例

そこで，転送元の外部モジュールに主導権を与え，プロセッサを介さずに直接主記憶にデータを書き込む．主記憶から外部への転送では，外部装置が主記憶から直接にデータを読み出す．このようなデータの転送方法を DMA（direct memory access）と呼ぶ．図 4.34 に DMA のデータの流れを示す．

DMA を実現するため，当該モジュールにメモリバスに対する読み書きの制御能力を持たせる．また，バスアクセスの主導権を管理するバスコントローラ（bus controller，あるいは，バスアービタ（bus arbiter））を置く．DMA を行うモジュールは，まずバスコントローラにバスの使用権を要求する．バスコントローラは複数の要求に対して優先順位を判断し，各モジュールに順次使用許可を与える．

4.3.6　キャッシュ

現在の高性能プロセッサと比べると一般的な主記憶である DRAM の応答速度はずいぶん遅い．そこで，高性能を求めるプロセッサでは，一時的に主記憶のコピーを保存するキャッシュ（cache）と呼ばれる高速メモリを持つ．キャッシュメモリをライン（あるいはブロック，ページ）と呼ばれる単位で管理する．キャッシュには複数のラインを保存できる．

メモリに対するアクセスが発生したら，まずキャッシュにコピーが存在するか確認し，存在すれば（キャッシュヒットという）そのコピーにアクセスする．存在しなければ（キャッシュミスという），当該ページを主記憶からキャッシュにコピーする．そのとき，キャッシュに空きがなければ適当なラインを入れ換える．書き込む際に，キャッシュと同時に主記憶にも書き込む方式をライトス

ルー（write through）という。当該ラインが入れ換えられるときに主記憶に書き戻す方式をライトバック（write back）という。

通常のプログラムでは，ループや局所変数などのため，ある一定の時間内にアクセスする命令やデータは近い番地にあるという傾向がある。一度アクセスした情報に近い将来またアクセスする可能性が高いという傾向を時間的局所性といい，アクセスした情報と番地が近い情報にアクセスする可能性が高いという傾向を空間的局所性という。そのようなプログラムでは，キャッシュにより速度性能が大きく向上する。高速なプロセッサでは，応答速度と容量の異なるキャッシュを階層化（L1 キャッシュ，L2 キャッシュ）した構成をとる。

例題 4.8 あるプロセッサでつぎのようなプログラムを実行する。キャッシュを使用しない場合と使用する場合で実行に要するクロックサイクル数を求めなさい。

＜プロセッサで1命令の実行に要するクロックサイクル数＞

(1) メモリアクセス命令

    (a) キャッシュを使用しない場合 … 10 サイクル

    (b) キャッシュを使用してヒットした場合 … 4 サイクル

    (c) キャッシュを使用してミスした場合 … 20 サイクル

(2) それ以外の命令 … 4 サイクル

＜プログラムの特徴＞

(1) 実行命令数 1 000 命令

(2) そのうち，メモリアクセス命令 20%

(3) キャッシュヒット率 90%，ミス率 10%

【解答】 以下のとおりである。

  ＜キャッシュを使用しない場合＞

(1) メモリアクセス命令 … 1 000 命令 ×20%×10 サイクル ＝2 000 サイクル

(2) それ以外の命令 … 1 000 命令 ×80%×4 サイクル ＝3 200 サイクル

  合計 ＝5 200 サイクル

＜キャッシュを使用する場合＞
(1) メモリアクセス命令 $\cdots$ 1 000 命令 $\times 20\% \times 90\% \times 4$ サイクル $+1 000$ 命令 $\times 20\% \times 10\% \times 20$ サイクル $= 1 120$ サイクル
(2) それ以外の命令 $\cdots$ 1 000 命令 $\times 80\% \times 4$ サイクル $= 3 200$ サイクル
合計 $= 4 320$ サイクル ◇

4.3.7 インタリーブ

インタリーブ（interleave）はメモリの高速化手法の一つである。メモリのアクセスはアドレスの順に連続して行われることが多い。そこで**図 4.35** に示すように複数のメモリを用意し，順番にアドレスを割り当て，まとめて一つのメモリを構成する。このようなメモリの構成法をインタリーブといい，それぞれのメモリをバンク（bank）と呼ぶ。あるアドレス（バンク）へのアクセスが完了する前につぎのアドレス（バンク）へのアクセスを開始できるため，メモリのアクセス速度が向上する。ここで，スループットは向上するがレイテンシは改善されないことに注意されたい。

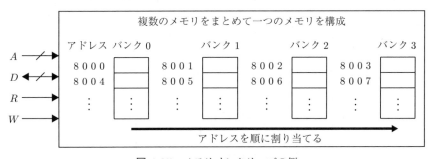

図 4.35 メモリインタリーブの例

章 末 問 題

【1】 図 4.4 の SR ラッチについて，NAND の代わりに NOR を用いて構成しなさい。
【2】 図 4.36 はエッジトリガ型と呼ばれるフリップフロップの一種である。その動作原理を説明しなさい。

100   4. 記 憶 と 接 続

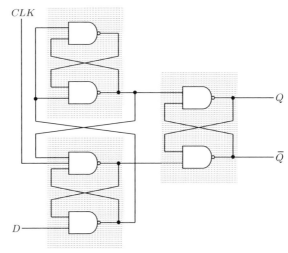

図 **4.36** エッジトリガ型フリップフロップ

【3】 図 4.17 に示す回路を，ド・モルガンの法則を使って，NAND と NOT のみからなる回路に変換しなさい。

【4】 図 4.17 に示す回路では AND ゲートをマスクとして用いるが，OR ゲートをマスクとすることもできる。OR ゲートによるマスクでセレクタを実現しなさい。

【5】 **図 4.37** の回路を考える。INV，2 入力の NAND の遅延をそれぞれ 2 ns, 3 ns とし FF のセットアップタイムを 2 ns, ホールドタイムを 1 ns とする。このときの最小クロック周期（最大動作周波数）を求めなさい。

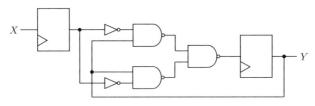

図 **4.37** 最大動作周波数に関する問題

【6】 DRAM のスループットを向上させる方法をいくつか挙げて，簡潔に説明しなさい。

【7】 図 4.24 にならって，EN と $R/\overline{W}$ 信号で読み書きするメモリのタイミングを図示しなさい。

【8】 つぎの外部モジュールについて，レジスタ型，ストリーム型，メモリ型のいず

れのインタフェースで接続するとよいか考察しなさい。
(1) 状態を表示する LED
(2) メッセージを表示する端末（文字列を送る）
(3) グラフィックを表示するモニタ（ビットマップを書き換える）

【9】 データメモリが 8000h～BFFFh 番地に割り当てられ，外部からの入力が F000h 番地に割り当てられているとする。F000h からデータを順次読み出して B000h～B0FFh 番地に書き込むアセンブリプログラムを書きなさい。命令セットは後述する COMET II あるいは一般的なプロセッサのものを用いなさい。実行される命令数を示して，DMA 方式と比較して効率を考察しなさい。

5 演　算

プロセッサでは，あらゆる情報処理や制御が基本的な計算の組合せで実現される．演算器はその計算を担う回路である．通常，レジスタから入力値を得て，計算結果をレジスタに格納する．さらに，フラグと呼ばれる 1 ビットのレジスタに計算に関する追加情報を格納する．簡単な計算は 1 クロックサイクルで完了し，複雑なものでは数クロックサイクルかかるものもある．

5.1　加　算　器

加算は最も基本的な算術演算である．プロセッサ内部では，通常，2 進数で数値を表現する．二つの n ビット符号なし 2 進整数 $A = a_{n-1}a_{n-2}\cdots a_1a_0$ と $B = b_{n-1}b_{n-2}\cdots b_1b_0$ の加算を考え，その和（sum）を $S = s_{n-1}s_{n-2}\cdots s_1s_0$ とする．n ビットの数値どうしを加算するとき，結果は n ビットでは収まらず $n+1$ ビット目に桁上げ（繰上げ，carry）が発生する可能性がある．この最上位からの桁上げを c_{out} とする．通常の計算では最下位に入る桁上げはないが，あえて最下位への桁上げも入力 c_{in} として与える．c_{in} により，複数の加算器を接続してビット幅を拡張したり，後述の減算器を構成したりすることができる．加算器の入出力を**図 5.1** に示す．以後，ブロック図の中では加算器をこのようなシンボルで表す．

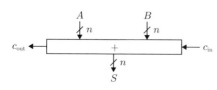

図 5.1　n ビット加算器

加算の原理は人手による筆算の手順に見ることができる。**図 5.2** に筆算の手順を示す。ここで第 i 桁への桁上げを c_i とする。$c_{\text{in}} = c_0$, $c_{\text{out}} = c_n$ である。

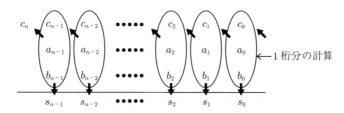

図 5.2 加算における筆算の手順

筆算では，1 桁分の計算をひとまとまりとし，それを桁数分だけ繰り返す。1 桁分の計算では入力の当該ビット a_i, b_i と前の桁からの桁上げ c_i を用いて，和の当該ビット s_i とつぎの桁への桁上げ c_{i+1} を計算する。このような計算を行う回路モジュールを全加算器（full adder, FA）と呼ぶ。**図 5.3** に 1 ビットの全加算器を，**表 5.1** に 1 ビット全加算器の真理値表を示す。

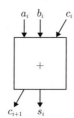

図 5.3 1 ビットの全加算器

表 5.1 1 ビット全加算器の真理値表

a_i	b_i	c_i	c_{i+1}	s_i
0	0	0	0	0
0	0	1	0	1
0	1	0	0	1
0	1	1	1	0
1	0	0	0	1
1	0	1	1	0
1	1	0	1	0
1	1	1	1	1

出力 (c_{i+1}, s_i) は，入力 (a_i, b_i, c_i) に 1 がないとき $(0,0)$，一つのとき $(0,1)$，二つのとき $(1,0)$，三つのとき $(1,1)$ となる。s_i は排他的論理和，c_{i+1} は 0 と 1

の多数決を取る関数となり，それぞれ論理式は式 (5.1)，式 (5.2) になる．論理回路を**図 5.4** に示す．

$$s_i = a_i \oplus b_i \oplus c_i = a_i\overline{b_i}\overline{c_i} + \overline{a_i}b_i\overline{c_i} + \overline{a_i}\overline{b_i}c_i + a_ib_ic_i \tag{5.1}$$

$$c_{i+1} = a_ib_i + b_ic_i + c_ia_i \tag{5.2}$$

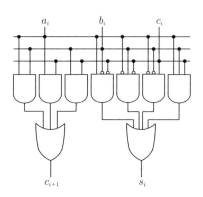

図 5.4 1 ビット全加算器の論理回路

1 ビットの全加算器を並べ，桁上げを下位から上位に 1 桁ずつつなぐことで多ビットの加算器が実現できる．**図 5.5** に 4 ビット加算器の構成を例示する．このような構成の加算器を桁上げ逐次伝搬加算器あるいは桁上げ順次伝搬加算器（ripple carry adder，RCA，ripple は「さざ波」の意）と呼ぶ．

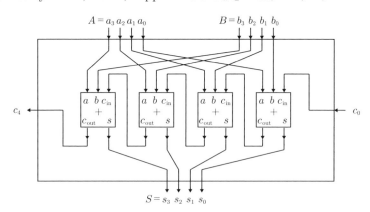

図 5.5 4 ビットの桁上げ伝搬加算器

5.1 加算器

例題 5.1 図 5.4 において a_i, b_i, c_i が**表 5.2** の値をとるとき，図中各信号線の値を示しなさい。

表 5.2 1 ビット全加算器の例題

a_i	b_i	c_i	1 段目 AND の出力（左から）								c_{i+1}	S_i
			1番目	2番目	3番目	4番目	5番目	6番目	7番目			
0	0	0										
1	0	0										
0	1	1										
1	1	1										

コーヒーブレイク

桁上げ先見加算器

桁上げ伝搬加算器（RCA）では，桁上げ信号が 1 桁ずつ伝搬する経路が大きな信号伝搬遅延となり，動作周波数向上の障害となる。桁上げを順次伝搬させるのではなく，**図 8** に示すように各桁の桁上げをあらかじめ計算し，全加算器に入力することで高速化を図る。あらかじめ桁上げを計算する回路を桁上げ先見回路と呼び，それによる加算器を桁上げ先見加算器（carry lookahead adder, CLA）と呼ぶ。n ビットの加算に対して，桁上げ伝搬は n に比例する遅延が発生するのに対し，桁上げ先見に木構造の計算を導入することで $\log n$ に比例する遅延に抑えることができる。

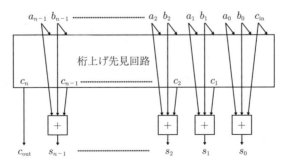

図 8　桁上げ先見回路による桁上げ先見加算器

106　5. 演　　算

【解答】 表 5.3 のとおり。

表 5.3　1 ビット全加算器の例題の解答

a_i	b_i	c_i	1 段目 AND の出力（左から）							c_{i+1}	S_i
			1番目	2番目	3番目	4番目	5番目	6番目	7番目		
0	0	0	0	0	0	0	0	0	0	0	0
1	0	0	0	0	0	1	0	0	0	0	1
0	1	1	0	0	1	0	0	0	0	1	0
1	1	1	1	1	1	0	0	0	1	1	1

例題 5.2　図 5.5 において，A，B，c_0 が**表 5.4** の値をとるとき，S および $c_4c_3c_2c_1$ の値を示しなさい。

表 5.4　桁上げ伝搬加算器の例題

A	B	c_0	S	$c_4c_3c_2c_1$
0101	1010	0		
0110	0011	0		
1111	1111	0		

【解答】 表 5.5 のとおり。

表 5.5　桁上げ伝搬加算器の例題の解答

A	B	c_0	S	$c_4c_3c_2c_1$
0101	1010	0	1111	0000
0110	0011	0	1001	0110
1111	1111	0	1110	1111

5.2　加　減　算　器

プロセッサ内部では，負数は通常 2 の補数で表す。2 の補数ではある数の符号反転（正数を負数に，または負数を正数に）はビット反転して 1 を加えることに等しい。これを利用して減算は，以下のように論理否定と加算に置き換えることができる。

$$A - B = A + (-B) = A + \overline{B} + 1 \tag{5.3}$$

この $+1$ は加算器への最下位への桁上げに 1 を入力すればよい。前述の加算器と論理否定を**図 5.6** のように構成して減算器が実現できる。図に示すように，

加算と減算は大部分が同じものである。減算専用の演算器を別途置くのではなく，加算と減算で共用すると無駄がない。加算/減算のモードを指示して切り換えることができる加減算器を**図 5.7** に示す。モードを指示する信号により，B 入力の反転と桁上げ入力の値をセレクタで切り換えて加算/減算を切り換える。

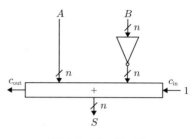

図 5.6 減算器

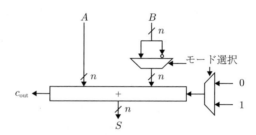

図 5.7 加減算器

例題 5.3 図 5.7 において，**表 5.6** の計算をするとき各セレクタはどの入力を選択するか答えなさい。

表 5.6 加減算回路の例題

計　算	B 入力（そのまま/否定）	キャリー入力 (0/1)
$0010 + 0101$		
$0111 - 0011$		

【解答】 **表 5.7** のとおり。

表 5.7 加減算回路の例題の解答

計　算	B 入力（そのまま/否定）	キャリー入力 (0/1)
$0010 + 0101$	そのまま	0
$0111 - 0011$	否定	1

◊

5.3 フ　ラ　グ

プロセッサには計算結果により条件分岐する機能が必要である。加減算の結果とは別に，条件分岐などに用いるための 1 ビットの情報を保持する。そのような情報あるいはそれを格納するレジスタをフラグと呼ぶ。代表的なフラグとして，桁上げフラグ (carry flag, CF)，零フラグ (zero flag, ZF)，符号フラグ (sign flag, SF)，あふれフラグ (overflow flag, OF) が挙げられる。

桁上げフラグ CF は，加減算器の最上位からの桁上げ c_{out} を保持する。後述する符号なし加算のあふれ判定に用いる。7 章で紹介する COMET II では，CF は OF に統合されて実装されている。

零フラグ ZF は，計算結果が 0 のときに 1，0 以外のときに 0 となる。おもに減算と組み合わせて一致判定に用いられる。具体的には，$A = B$ を $A - B = 0$ かどうかで判定する。論理式で表すと式 (5.4) のようになる。

$$\text{ZF} = \overline{s_{n-1} + s_{n-2} + \cdots + s_1 + s_0} = \overline{s_{n-1}} \cdot \overline{s_{n-2}} \cdots \overline{s_1} \cdot \overline{s_0} \quad (5.4)$$

符号フラグ SF は，計算結果の符号ビット s_{n-1} を保持する。おもに減算と組み合わせて大小比較に用いられる。具体的には，$A \geq B$ を $A - B \geq 0$ かどうかで判定する。

あふれフラグ OF は，演算の結果が正しいか正しくないかを示す。例えば，$11 + 9 = 20$ の計算を 4 ビット符号なし整数で $1011 + 1001$ と実行すると，最上位の桁があふれてしまい，結果は 0100，つまり 20 ではなく 4 になってしまう。このように，計算結果がそのビット幅で表現可能な範囲を超えて不正になったとき，あふれフラグ OF は 1 となる。符号なし整数の加算（COMET II では論理加算と呼ぶ）では，桁上げフラグ CF によりあふれを判定できる。符号付き整数の加減算では，符号により場合分けを要する。正の値どうしを加算したとき，表現可能な範囲を超えてしまうと，その桁上げのために最上位の符号ビットが 1，つまり負の値になってしまう。逆に，負の値どうしの加算では，表現

可能な範囲を超える（下回る）と符号ビットが 0，つまり正の値になってしまう。正の値と負の値の加算では，絶対値が元の値よりも小さくなるためあふれることはない。入出力の符号とあふれの関係を**表 5.8** にまとめる。

表 5.8 符号付き整数の加算とあふれの関係

a_{n-1}（A の符号）	b_{n-1}（B の符号）	s_{n-1}（S の符号）	OF（結果）
0（正）	0（正）	0（正）	0（正しい）
1（負）	1（負）	1（負）	0（正しい）
0（正）	1（負）	*（正負どちらでも）	0（正しい）
1（負）	0（正）	*（正負どちらでも）	0（正しい）
0（正）	0（正）	1（負）	1（あふれ）
1（負）	1（負）	0（正）	1（あふれ）

例題 5.4 符号付き 4 ビットで**表 5.9** の計算をした結果と CF，ZF，SF，OF の値を示しなさい。

表 5.9 フラグの例題

計算	結果	CF	ZF	SF	OF
$0101 + 0010$					
$0001 + 1111$					
$1011 + 1110$					
$0101 + 0110$					
$1011 + 1010$					

【解答】 表 5.10 のとおり。10 進整数での意味は，上から順に $5+2=7, 1+(-1)=0, (-5)+(-2)=(-7), 5+6=(-5), (-5)+(-6)=5$ となる。最後の二つは桁あふれを起こして，不正な結果となっていることに注意。

表 5.10 フラグの例題

計算	結果	CF	ZF	SF	OF
$0101 + 0010$	0111	0	0	0	0
$0001 + 1111$	0000	1	1	0	0
$1011 + 1110$	1001	1	0	1	0
$0101 + 0110$	1011	0	0	1	1
$1011 + 1010$	0101	1	0	0	1

5.4 シフトとローテート

プロセッサは通常1語（ワード）単位で処理を行う。一方で，通信，エラー訂正，情報圧縮，暗号化など，1ビット単位での処理が必要な場合もある。その際，データ値をビット単位でシフトする（ずらす）処理が必要になる。

シフト（shift）はシフト方向，シフト量，シフトして空いた部分の扱いにより，類別できる。方向は左（上位）あるいは右（下位）のいずれかであり，シフト量はシフトするビット数である。空いた部分には，定数0（あるいは1）を入れる，最上位ビットを複製する，シフトであふれたビットを入れる，の選択肢がある。あふれたビットを反対側の空いた場所に入れる操作は特にローテート（rotate）と呼ぶ。図5.8に左1ビットシフトの例を，図5.9に左1ビットローテートの例をそれぞれ示す。

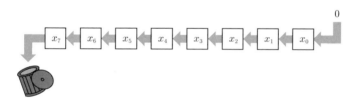

図 5.8 左1ビットシフトの例

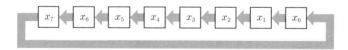

図 5.9 左1ビットローテートの例

値を符号なし2進数として解釈する場合，0を入れる左1ビットシフトにより値が2倍になり，右1ビットシフトにより値が半分（奇数の場合は切り捨て）になる。これを2進数の乗除算に利用できる。しかし，符号付きで負の数の場合，0を入れる右シフトでは半分にはならない。例えば，符号付き4ビットで-4は1100であるが，1ビット右シフトした0110は$+6$を表す。負数，すな

わち，最上位ビットが1の場合，値を半分にするには1を入れなければならない。−4 に対して，1110 が半分の −2 になる。つまり，右シフトにおいて最上位ビットを複製して補うことで，2の補数符号付き2進数の半分を実現できる。このようなシフト演算を算術シフトと呼ぶ。左シフトで値を2倍にする場合には，空いた最下位ビットに0を入れる。2倍するとあふれてしまう値の場合，すなわち符号ビットである最上位ビットと2番目のビットの値が異なる場合，符号が変わってしまい不正な値になることに注意されたい。COMET II では，符号ビットはそのまま保持して残りのビットを左シフトするが，値は表現できる範囲を超えているため不正な値となる。また，算術シフトに対して，左右ともに空いたビットに定数0を入れるシフトを論理シフトと呼ぶ。

コーヒーブレイク

フラグ付きローテート

ずらしてあふれた分をその順で反対側の空いた場所に入れる場合をローテートと呼ぶ。プロセッサによっては，桁上げフラグを含めたローテート，つまりレジスタからあふれたビットを桁上げフラグに入れ，レジスタの空いたビットに桁上げフラグの値を入れる命令を持つ。これを繰り返し用いると，**図9** に示すように複数語を連結したシフトを効率よく実装できる。

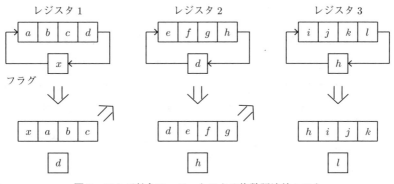

図 9　フラグ付きローテートによる複数語連結シフト

例題 5.5 つぎの問いに答えなさい。

(1) 11110101 を左 3 ビットローテートしなさい。

(2) 11110101 を右 2 ビットローテートしなさい。

(3) 11110101 を左 3 ビット論理シフトしなさい。

(4) 11110101 を右 2 ビット論理シフトしなさい。

(5) 11110101 を符号付き整数として解釈すると 10 進整数値はいくらかになるか答えなさい。

(6) 11110101 を左 3 ビット算術シフトしなさい。また，シフト後の値はいくらになるか答えなさい。

(7) 11110101 を右 2 ビット算術シフトしなさい。また，シフト後の値はいくらになるか答えなさい。

【解答】
(1) 10101111
(2) 01111101
(3) 10101000，空いた右 3 ビットにゼロを入れる。
(4) 00111101，空いた左 2 ビットにゼロを入れる。
(5) −11
(6) 10101000，値は −88
(7) 11111101，値は −3 ◇

シフトを実現する回路をシフタと呼ぶ。シフト量が固定であればその回路は単純であり，入力と出力をずらして接続することで，シフタが完成する。図 5.10 に右 2 ビット算術シフトの回路例を示す。

n ビットの値に対して，左右それぞれ最大 $n-1$ ビットのシフトの可能性がある。しかし，すべてのシフト量に対するシフタをすべて搭載することは効率的とは

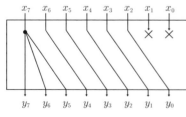

図 5.10 定数シフタの回路例
（右 2 ビット算術シフト）

いえない。シフタそのものは単純であっても，配線やそれを選択するセレクタが大きなものとなる。そのため，小さなプロセッサでは1ビットシフタのみを搭載し，それを必要な回数繰り返し使用することで多ビットのシフトを実現する。ただし，これにはシフト量に比例した時間を要する。

シフトレジスタは自身がシフトの機能を持つレジスタである。通常どおりに値を読み込む（ロード，load）だけでなく，左右1ビットのシフトを実行できる。あふれた1ビットを外部に出力する，または外部から空いた1ビットに入力することでシリアル–パラレル変換，パラレル–シリアル変換を行うことができる。ここで，パラレル（parallel）とは多ビットの情報を一度に処理する方法であり，シリアル（serial）とは1ビットずつ順に処理する方法である。

図 5.11 にシフトレジスタの構成例を示す。パラレル入力（parallel–in）に4ビットの値を与え，セレクタで load（上側）を選択して値を入力することができる。パラレル出力（parallel–out）には保持している4ビットの値を出力する。セレクタで shift（中）を選択すると右1ビットシフトの動作を行う。このとき，serial–in, serial–out をシリアルの1ビットの入出力として用いる。なお，セレクタの下側は D フリップフロップで値を保持する（変えない）ためのフィードバックループである。

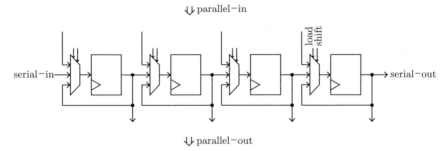

図 **5.11** 4 ビット右シフトレジスタの構成例

例題 5.6 図 5.11 のシフトレジスタに，**図 5.12** のように入力を与えたときの，parallel–out, serial-out の値を示しなさい。シフトレジスタの初期

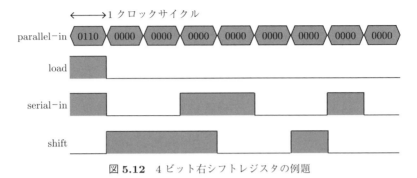

図 **5.12** 4 ビット右シフトレジスタの例題

値は 0000 とする。

【解答】 図 **5.13** のとおり。なお，フリップフロップの出力値は入力を与えたつぎのクロックサイクルに反映されることに注意。

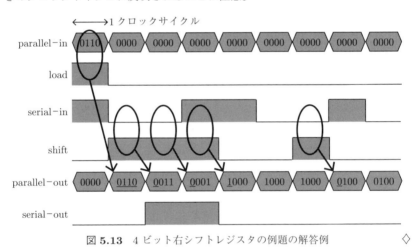

図 **5.13** 4 ビット右シフトレジスタの例題の解答例　　◇

バレルシフタ (barrel shifter) は，多ビットのシフトを一括して効率よく実現する多段の構成法である。図 **5.14** に 8 ビットバレルシフタの構成を例示する。図中の << 1, << 2, << 4 はそれぞれ左 1 ビット，2 ビット，4 ビットシフトを表す。シフト量 $K = k_{m-1}k_{m-2}\cdots k_0$ に対して，$0 \leq i \leq m-1$ の各段に 2^i ビットシフタを配置する。それぞれの段では k_i の値に応じてシフトしないもの，あるいは，シフトしたものを選択する。例えば $K = 101$ では，初

段で $2^0 = 1$ ビットシフト，次段はシフトせず，3段目で $2^2 = 4$ ビットシフトし，合計5ビットのシフトとなる．図は左シフタの例であり，必要に応じてシフトの方向やモード（算術・論理の切換えなど）を変更し，また選択可能とすることで，さまざまな構成を取り得る．n ビットの入力 X に対して，バレルシフタのセレクタ数，およびその段数はおおむね $\log_2 n$ に比例する．

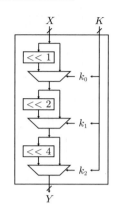

図 **5.14**　8 ビットバレルシフタの構成例

例題 5.7　図 5.14 のバレルシフタに $X = 01101010$, $K = 101$ を与えたときの各セレクタの出力値を示しなさい．

【解答】　上段から順に 1 ビットシフトして 11010100，2 ビットシフトはせずに 11010100，さらに 4 ビットシフトして 01000000 となる．　　　　◇

5.5　ALU

プロセッサではさまざまな演算を順次実行する．そのため，複数種類の演算器をひとまとめにした演算ユニットを構成し，搭載する．加算，減算などの算術演算（arithmetic operations），論理否定，論理和，論理積などの論理演算（logic operations），そしてシフタなどを搭載し，それらを選択使用できるユニットをALU（arithmetic logic unit）と総称するが，搭載する演算器の種類，個数など，プロセッサによってさまざまな構成を取り得る．

図 5.15 に ALU の構成例を示す．ここでは二つの入力を持ち，レジスタをセレクタで切り換えて与える．出力は指定の演算器の結果をセレクタで選択する．また，フラグも入出力として与えられる．図ではモード信号として，減算時の

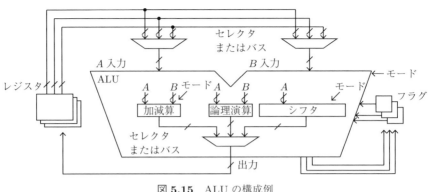

図 5.15　ALU の構成例

B 入力反転やキャリー入力，シフトの種類・方向・シフト量などを与えている。

5.6　乗　　　算

　乗算は，加算，減算についで基本的な算術演算である。しかし，乗算はそれらに比べてとても複雑な計算であり，実装について ALU と同列に議論するのは難しい。COMET II も含めて，小さなプロセッサでは，乗算器は搭載せず乗算命令も持たないものもある。その場合，加算，論理積，シフト命令を駆使したソフトウェアプログラムにより乗算を行う。専用の乗算器を搭載する場合でも，その構成法はさまざまである。本書では，基本原理と構成の理解のため，単純な繰返し演算による乗算の実現方法を紹介する。また，以下では符号なし 2 進数の乗算について解説する。符号付き 2 進数での負数では，入出力の必要な部分に符号反転を置くことで対応できる。

　図 5.16 に 4 ビット × 4 ビット乗算の筆算の原理と例を示す。被乗数 $A = a_3 a_2 a_1 a_0$，乗数 $B = b_3 b_2 b_1 b_0$ に対して，A を i ビット左算術シフトしたものに b_i を乗じ，それらを足し合わせて積 $P = p_7 p_6 p_5 p_4 p_3 p_2 p_1 p_0$ を計算する。ここで，1 ビットの値を乗じる計算は，0 あるいは元の値そのものであり，これは各ビットに対して論理積を取ることに等しい。筆算の途中計算における行列内では，図 5.17 に示すように入力値をシフトしたビット a_i, b_j の AND をと

5.6 乗　算

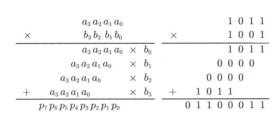

図 5.16　4ビット×4ビット乗算の筆算の原理と例

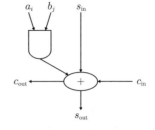

図 5.17　筆算中の1ビット分の単位演算

り加算する操作が単位演算となる．例えば，図 5.16 において $i=1$, $j=2$ では，b_2 と a_1 の論理積に上（b_1 と a_2）からの和 s_{in}，右（b_2 と a_0）からの桁上げ c_{in} を加算し，下（b_3 と a_0）への和 s_{out} と左（b_2 と a_2）への桁上げ c_{out} を出力する．

筆算の計算式に従ってこの単位演算を並べれば，1クロックサイクルで乗算を実行する組合せ回路が実現できる．しかし，入出力のビット幅が大きくなればそれだけ加算器の数，段数が多くなり，回路規模の増大，信号遅延の増大（動作周波数低下）を招く．そこで，各行を1クロックサイクルで計算することを繰り返し，複数サイクルかけて計算する．このとき，中間の計算結果はレジスタに保持する．その例を図 5.18 に示す．1クロック当りの計算量が減るため，信号遅延が減少し，動作周波数の低下を防ぐことができる．また，演算器を繰

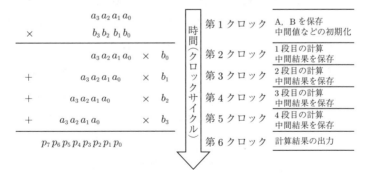

図 5.18　4ビット乗算の複数サイクルへの割り当て例

り返し使用することで回路規模を小さく抑えることができる。

図 5.19 に単純な繰返し乗算器の構成例を示す。この乗算器は入力である被乗数と乗数を保持するレジスタ A と B，繰返し加算の中間結果を保持するレジスタ S を持つ。また，A の桁合せのシフトを行うバレルシフタ，B の桁を選択するセレクタ，各ビットの単位演算を行う AND ゲート，繰返し加算を行う加算器を持つ。さらに，処理した段数を保持するカウンタ（図中の counter，レジスタや比較器を含む），その他の制御回路（状態遷移機械，制御論理など）を持つ。入力 A, B は n ビットであるのに対し，その積は最大 $2n$ ビットになる。そのため，中間結果を保持する S や加算器，AND ゲート，シフタも $2n$ ビット用意する。

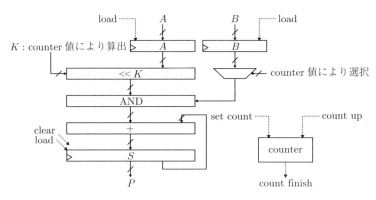

図 5.19　繰返し乗算器の単純構成例

この乗算器の制御の状態遷移の概略を図 5.20 に示す。待機状態 S0 から計算開始の信号 start を受けて初期化状態に遷移する。初期化状態 S1 では，被乗数，乗数をレジスタに保存し（load A, load B），中間結果をゼロにクリア（clear S），カウンタを初期化（set count）する。初期化後，計算状態に遷移する。計算状態では，カウンタに 1 を加えながら（count up），その値に応じてバレルシフタのシフト量，セレクタのビット位置が決まり，AND 演算が行われる。そして，中間結果との加算の結果を，また中間結果レジスタに保存する（load S）。これを必要回数繰り返したら，カウンタからのカウント終了信号（count finish）により，待機状態に遷移する。

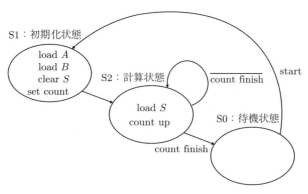

図 5.20　単純な繰返し乗算の制御例

例題 5.8　図 5.20 の乗算器について，$n = 4$ とし，入力に $A = 1011$, $B = 1101$ を与えたとき，計算完了までの各クロックサイクル直後のレジスタ A，シフタの出力，レジスタ B，セレクタの出力およびレジスタ S の値を示しなさい。

【解答】　表 5.11 のとおり。

表 5.11　図 5.20 の乗算器の例題の解答例

クロックサイクル	A	シフタの出力	B	セレクタの出力	S
1	保存中	不使用	保存中	不使用	クリア中
2	1011	00001011	1101	1	00000000
3	1011	00010110	1101	0	00001011
4	1011	00101100	1101	1	00001011
5	1011	01011000	1101	1	00110111
6	1011	不使用	1101	不使用	10001111

この乗算器は筆算の手順をわかりやすく素直に回路化したもので，必ずしも効率のよいものとはいえない。ここで計算方法を少し工夫してみる。単純構成では，被乗数のシフトにバレルシフタ，乗数のビット選択にセレクタを用いた。しかし，これらは毎クロックサイクルに 1 ビットずつずらすだけである。これをシフトレジスタに置き換える。**図 5.21** に工夫した繰返し乗算器の構成例を，

120   5. 演　　算

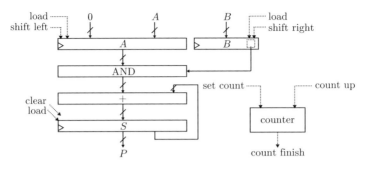

図 **5.21**　繰返し乗算の工夫 (1)

図 **5.22** にその状態遷移の概略を示す。ここでは，$2n$ ビットの左シフトレジスタ (A)，n ビットの右シフトレジスタ (B)，$2n$ ビットのレジスタ (S)，$2n$ ビットの AND 演算，$2n$ ビットの加算器を用いている。レジスタ A は，上位 n ビットは 0 で，下位 n ビットは入力 A（被乗数）で初期化する。shift left, shift right はそれぞれシフトレジスタに対して左シフト，右シフトを指示する制御信号である。

コーヒーブレイク

「0 を足す」か「足さない」か

　ここでの説明では，乗数の注目ビットの値が 0 のときも，被乗数との AND をとって 0 とし，加算している。人間の感覚としては，「足す」という操作をしなければよいのであって，「0 を足す」という処理はいかにもむだに感じる。しかし，演算回路としては「足さない」という例外処理，そのための回路を加えることになる。どちらがよいか，回路規模，所要クロックサイクル，消費エネルギーなど，さまざまな観点からの緻密な議論が必要になる。ここでは，例外処理の煩雑な議論を避け，単純な一様定型の処理として「0 であっても足す」方法をとっている。ソフトウェア処理の場合は，「足さない」方法のほうが余計な命令を実行しなくて済むので効率がよいように思える。しかし，最近のプロセッサではパイプライン方式で命令を先読みしながら実行している。そのため，例外の場合分け（条件分岐）があると先読みができず実行効率が悪化する。「0 を足す」か「足さない」か，どちらがよいか，パイプライン実行の緻密な解析が必要になる。

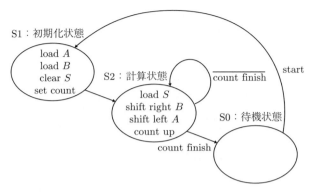

図 5.22 繰返し乗算の工夫 (1) の制御

例題 5.9 図 5.21 の乗算器について，$n = 4$ とし，入力に $A = 1011$, $B = 1101$ を与えたとき，計算完了までの各クロックサイクル直後のレジスタ A, B, S の値を示しなさい．

【解答】
表 5.12 のとおり．

表 5.12 図 5.21 の乗算器の例題の解答例

クロックサイクル	A	B	S
1	保存中	保存中	クリア中
2	00001011	1101	00000000
3	00010110	0110	00001011
4	00101100	0011	00001011
5	01011000	0001	00110111
6	10110000	0000	10001111

なお，第 6 クロックサイクルのレジスタ A，レジスタ B の値は使わないので第 5 から第 6 クロックサイクルでシフトする必要はないが，ここでは状態の定義を簡単にするためシフトしている．　　　　　　　　　　　　　　　◇

さらに，図 5.21 の乗算器を工夫する．被乗数を保持するレジスタ，AND 演算，加算について $2n$ ビットの幅を確保している．しかし，$2n$ ビットのうちの n ビット分だけが左にシフトしながら具体的な計算を行っており，ほかは 0 との加算を行っているだけである．そこで，被乗数レジスタ A を左にシフトする代わりに，中間結果のレジスタ S を右にシフトする．**図 5.23** に 1101×1011

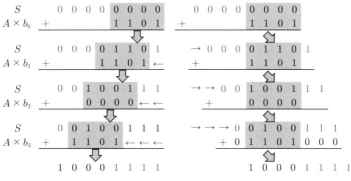

(a) $A \times b_i$ を左にシフトした場合 (b) S を右にシフトした場合

図 5.23 1101×1011 の計算の例

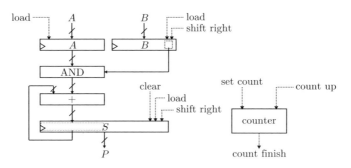

図 5.24 繰返し乗算の工夫 (2)

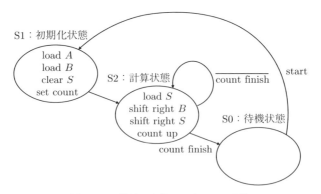

図 5.25 繰返し乗算の工夫 (2) の制御

の乗算の例を示す。**図 5.24** に，さらに工夫した繰返し乗算器の構成例を，**図 5.25** にその状態遷移の概略を示す。レジスタ A，AND 演算，加算器のビット幅が半分になり，簡潔な乗算器になった。

例題 5.10　図 5.24 の乗算器について，$n = 4$ とし，入力に $A = 1011$，$B = 1101$ を与えたとき，計算完了までの各クロックサイクル直後のレジスタ A，B，S の値を示しなさい。

【解答】　**表 5.13** のとおり。

表 5.13　図 5.24 の乗算器の例題の解答例

クロックサイクル	A	B	S
1	保存中	保存	クリア中
2	1011	1101	00000000
3	1011	0110	01011000
4	1011	0011	00101100
5	1011	0001	01101110
6	1011	0000	10001111

◇

以上，複数サイクルかけて計算を行う乗算器の構成例と工夫を示してきた。計算の効率化や高速化のためのさらなる工夫として Booth のアルゴリズム，パイプライン化，Wallece tree による並列化などの手法が挙げられる。除算についても，乗算と同様に，筆算を観察することで，シフトと比較（減算）の繰返しによる演算器が構成できる。さらにさまざまな工夫も考案されている。興味のある読者はより発展的な書籍・資料で学ばれたい。

章　末　問　題

【 1 】　零フラグの値を計算する論理回路を設計しなさい。
【 2 】　2 の補数符号付き加算のあふれフラグの値を計算する論理回路を設計しなさい。
【 3 】　**図 5.26** は単純なディジタル積分器である。数値を符号付き 8 ビットとし，入力として順に 00001000, 00000100, 00000010, 00000001, 00000000, 11111111, 11111110, 11111100, 11111000 が与えられたときのレジスタの値を示し，積分の動作を確認しなさい。ただし，レジスタの初期値は 00000000 とする。

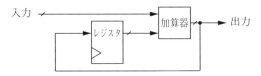

図 5.26 ディジタル積分器

【4】 図 5.27 は単純なディジタル微分器である。数値を符号付き 8 ビットとし，入力として順に 00001000, 00000100, 00000010, 00000001, 00000000, 11111111, 11111110, 11111100, 11111000 が与えられたときのレジスタの値を示し，微分の動作を確認しなさい。ただし，レジスタの初期値は 00000000 とする。

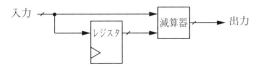

図 5.27 ディジタル微分器

【5】 図 5.28 は 8 ビットインクリメンタ（+1 する演算器）のための桁上げ先見回路である。つぎの三つの入力（00001111, 01110110, 11011011）をそれぞれ与えたときの出力を示し，桁上げ信号であることを確認しなさい。

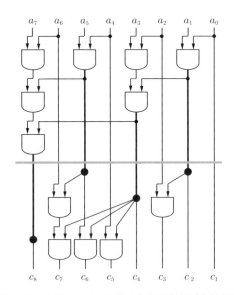

図 5.28 8 ビットインクリメンタの桁上げ先見回路

【6】 図 5.11 のシフトレジスタをもとに，パラレル–シリアル変換器を構成しなさい。また，シリアル–パラレル変換器を構成しなさい。

【7】 図 5.14 にならってシフト量可変の 8 ビット左右ローテータを設計しなさい。

【8】 乗算器は加算器と比べると大きく遅い演算器であるが，乗数が定数であれば比較的小さく速い演算器を構成できる場合がある。例えば，2 倍の定数係数乗算器はデータ線を 1 ビットずらして結線するだけである。定数シフトと加減算器をいくつか用いて 100 倍および 1 000 倍（10 進数）の定数係数乗算器をそれぞれ構成しなさい。

【9】 図 5.24 の乗算器をさらに工夫する。中間結果のレジスタ S 内の有効なデータは，最初の加算結果の 4 ビットから 1 ビットずつ増えていく。逆に，乗数のレジスタ B 内の有効なデータは，最初の 4 ビットから 1 ビットずつ減っていく。$2n$ ビットのレジスタ一つで乗数と中間結果の両方を保持するように設計しなさい。

【10】 図 5.19 の素直な繰返し乗算にならって，除算器を設計しなさい。除算の筆算では，桁合せのシフタ，比較器，減算器，減算を採用するかしないかのセレクタなどがおもな部品となる。

6 コンピュータの言葉

各コンピュータで命令セットは異なるため，そこで使用されるアセンブリ言語も異なる。C 言語などの高級言語と比較して移植性は良くないが，ハードウェアを動かす機械語に 1 対 1 対応しているため，アセンブリ言語を理解することでコンピュータの動作原理の理解が深まる。そこで，本章では，経済産業省の情報処理技術者試験で用いられている CASL II を対象に，アセンブリ言語について説明する。

6.1 CASL II と COMET II

CASL II は，仮想のハードウェア COMET II のアセンブリ言語である。COMET II は，実際のコンピュータに比べて単純な構成になっており，コンピュータの基本的な動作原理を容易に理解することができる。CASL II と COMET II の仕様は巻末の付録に示す。

COMET II では 1 語（word）が 16 ビットである。そのため，表現できる数値は，**表 6.1** に示すように，符号なし整数の場合，$0 \sim 65\,535 (= 2^{16})$ となる。

表 6.1 符号なし整数の値の範囲

	2 進数表現（16 ビット）	値（10 進数表現）
最小値	0000000000000000	0
最大値	1111111111111111	65 535

一方，符号付き整数の場合は，MSB を符号ビットとし，負数の表現には，2 の補数表現を用いる。**表 6.2** に符号付き整数の場合の表現できる値の範囲を示

表 6.2 符号付き整数の値の範囲

	2進数表現（16ビット）	値
最小値	<u>1</u>000000000000000	−32 768
最大値	<u>0</u>111111111111111	32 767

す。表の2進数表現において，下線が付いた数字が符号ビットで，1が負数，0が正数を表す。

また，文字の表現には，JIS X0201 ラテン文字・片仮名用8ビット符号で規定される符号表を使用する。**表 6.3** に符号表の一部を示す。一つの文字は8ビットで構成され，表の列が上位4ビットを，行が下位4ビットを表す。例えば，'A' は16進数表記では41であり，'4' は34となる。なお，この符号表について，情報処理技術者試験では必要な場合には，問題中で与えられる。

表 6.3 JIS X0201 の符号表の抜粋

下位4ビット	上位4ビット					
	2	3	4	5	6	7
0	間隔	0	@	P	`	p
1	!	1	A	Q	a	q
2	"	2	B	R	b	r
3	#	3	C	S	c	s
4	$	4	D	T	d	t
5	%	5	E	U	e	u
6	&	6	F	V	f	v
7	'	7	G	W	g	w
8	(	8	H	X	h	x
9	)	9	I	Y	i	y
A	*	:	J	Z	j	z
B	+	;	K	[	k	{
C	,	<	L	¥	l	|
D	−	=	M	]	m	}
E	.	>	N	^	n	~
F	/	?	O	_	o	

COMET II の主記憶装置には，65 536 個の語があり，**図 6.1** に示すように0番地から65 535番地まで連続したアドレスがそれぞれ対応している。そのため，COMET II のアドレスを表現するには，符号なし整数表現を利用して16ビット，すなわち1語が必要になる。また，0番地から65 535番地までのアド

レスは，16進数では0000からFFFFとなり，16進数4桁で表現できる。以後，特に断りがない場合はアドレスは16進数4桁で表現するものとする。

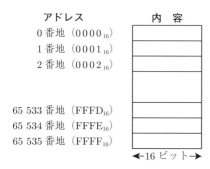

図 6.1 COMET II での主記憶装置

COMET II のレジスタとしては，汎用レジスタ（GR, general register），プログラムレジスタ（PR, program register），フラグレジスタ（FR, flag register），スタックポインタ（SP, stack pointer）の4種類のレジスタがあり，FR以外のレジスタは16ビットである。汎用レジスタ（GR）は，算術演算や論理演算などに使用し，GR0からGR7までの8個ある。また，GR0以外の汎用レジスタ，すなわち，GR1からGR7までは，指標レジスタ（インデックスレジスタ）として使用することもできる。プログラムレジスタには，つぎに実行する命令の先頭アドレスが格納されている。一般には，このプログラムレジスタをプログラムカウンタと呼ぶこともある。フラグレジスタは，演算結果の状態を保持するレジスタで，条件判定する場合などに用いられる。**表 6.4** に示すように，OF（overflow flag），SF（sign flag），ZF（zero flag）の3種類のフラグからなる3ビットのレジスタである。主記憶にデータを一時的に格納する方法にスタックがある。スタックポインタはスタック領域の最上段のアドレスを入れるレジスタである。スタックについては，「コーヒーブレイク」で説明する。

表 6.4 フラグレジスタ

フラグ	値	演算結果
OF	1	演算結果が表現できないほど大きい場合（オーバフロー），または小さい場合（アンダフロー）
	0	上記以外
SF	1	演算結果が負の場合（MSB=1の場合）
	0	演算結果が正の場合（MSB=0の場合）
ZF	1	演算結果が0の場合（すべてのビットが0の場合）
	0	上記以外

言語使用から想定できるハードウェアの構成例を図 **6.2** に示す。なお，COMET II のハードウェアの詳細は規定されていない。

コーヒーブレイク

GR0 が指標レジスタとして使えないのはなぜだろうか？

指標レジスタを使う命令と使わない命令が存在する。指標レジスタとして GR0〜GR7 を指定できるようにすると，「使わない」「GR0 を使う」「GR1 を使う」…「GR7 を使う」の 9 通りの指示が必要になる。2 進数で 9 通りを表現するには 4 ビット必要で $2^4 = 16$ 通りのうち半分近くがむだになる。そこで，値 0 を「使わない」という意味に割り当てて，「使わない」「GR1 を使う」…「GR7 を使う」の 8 通りとすれば 3 ビットでぴったりとおさまる。GR0 を省くことで命令をビット列で表現する効率が良くなる。

スタックとキュー

代表的なデータ構造にスタックとキューがある。スタックは，後入れ先出し (last–in first–out, LIFO) 方式のデータ構造である。すなわち，最後に入れたデータが，最初に取り出される。スタックにデータを追加する処理をプッシュ (push)，スタックからデータを取り出す処理をポップ (pop) と呼ぶ。スタックの途中のデータを取り出すことはできない。**図 10** にスタックの動作例を示す。図に示すように，スタックのデータ構造では，最後にデータを追加した位置を記憶するためのスタックポインタ (SP) が必要になる。

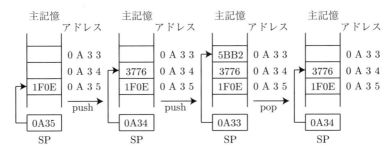

図 10 スタックの動作例

一方，キューは，待ち行列とも呼ばれ，先入れ先出し (first–in first–out, FIFO) 方式のデータ構造である。すなわち，最初に入れたデータが，最初に取り出される。スタックと同様に，キューの途中のデータを取り出すことはできない。

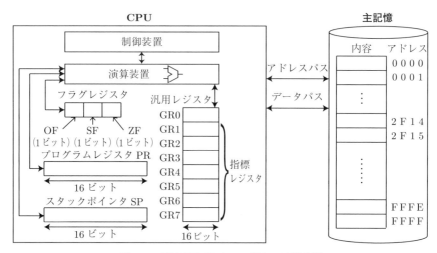

図 6.2　COMET II のハードウェア構成例

6.2　CASL II の命令

　CASL II での命令形式には，0 オペランド形式から 3 オペランド形式がある。また，オペランドにはアドレスやレジスタを指定する。**表 6.5** に，CASL II での命令形式を示す。表で，[ ] で表されているオペランド（形式 ⟨4⟩ と ⟨5⟩）は，省略可能である。また，r1，r2 は汎用レジスタ GR0 から GR7 までを指定する。一方，x には指標レジスタと呼ばれるレジスタを指定する。ここで，指標レジスタとしては，汎用レジスタの GR1 から GR7 までが使用できる。adr は，アドレスを表し，0 以上 65 535 以下の値をとる。

表 6.5　CASL II の命令形式

形式	表記法
⟨1⟩	OP
⟨2⟩	OP　r1
⟨3⟩	OP　r1, r2
⟨4⟩	OP　adr [,x]
⟨5⟩	OP　r1, adr [,x]

　CASL II では，**表 6.6** に示す 28 種類の機械語命令が用意されている。また，表以外に，アセンブラ命令（疑似命令と呼ぶこともある）と呼ばれる機械語コードを生成しない命令（START，END，DC，DS）やマクロ命令（IN，OUT，RPUSH，RPOP）がある。アセンブラ命令とその命令内容を**表 6.7** に示す。

6.2 CASL II の命令

表 6.6 CASL II の命令

機械語命令の種類	命令の内容	
データ転送命令	LD, ST, LAD, PUSH, POP	
演算命令	算術・論理演算	ADDA, SUBA, ADDL, SUBL AND, OR, XOR
	シフト演算	SLA, SRA, SLL, SRL
	比較演算	CPA, CPL
制御命令	JPL, JMI, JZE, JNZ, JUMP, JOV, CALL, RET	
特殊命令	SVC, NOP	

表 6.7 CASL II のアセンブラ命令

命令	内容
START	プログラムの先頭（開始アドレス）の定義
END	プログラムの末尾（終了アドレス）の定義
DC	定数の定義（定数を格納している領域の先頭アドレス）
DS	領域の定義（確保した領域の先頭アドレス）

以下に，表 6.6 の代表的な命令について，その動作の概略を説明する．

6.2.1 データ転送命令

各命令によって，命令形式が決まっている．例えば，LD (load) 命令は，形式 ⟨3⟩ または形式 ⟨5⟩ で表現する．形式 ⟨3⟩ の場合，図 6.3 に示すように r2 で指定したレジスタの内容を r1 に指定したレジスタに転送する．この場合，主記憶とのデータのやり取りはない．一方，形式 ⟨5⟩ の場合，図 6.4 に示すように，主記憶の adr [,x] で示される番地の内容を r1 に指定したレジスタに転送する．また，フラグレジスタの値について，OF には 0 が，SF には転送後の r1 の符

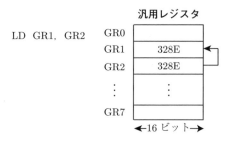

図 6.3 形式 ⟨3⟩ の LD 命令

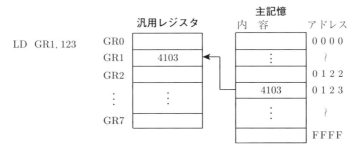

図 6.4 形式 ⟨5⟩ の LD 命令

号が負（MSB=1）のときに 1 が，正のときに 0 がそれぞれ設定される．ZF は転送後の r1 の値がすべてのビットで 0 の場合に 1 が，それ以外の場合に 0 が設定される．

ST 命令（store 命令）は形式 ⟨5⟩ で表現し，図 6.5 に示すように，r1 で指定したレジスタの内容を主記憶の adr [,x] で示される番地に転送する．また，ST 命令を実行してもフラグレジスタの値は変化しない．

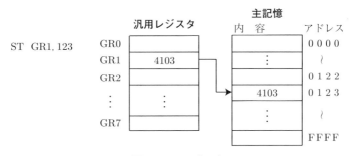

図 6.5 ST 命令

このように，LD 命令は，形式 ⟨3⟩ の場合，レジスタからレジスタにデータを転送する命令であり，形式 ⟨5⟩ の場合，主記憶からレジスタにデータを転送する命令である．また，ST 命令はレジスタから主記憶にデータを転送する命令である．

ここで，主記憶からレジスタにデータを転送する命令には，LD 命令以外に，LAD（load address）命令がある．LAD 命令は形式 ⟨5⟩ で，図 6.6 に示すように adr [,x] で指定した主記憶のアドレスを r1 に指定したレジスタに転送する．

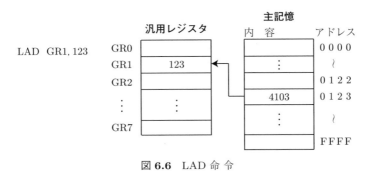

図 6.6　LAD 命令

また，LAD 命令を実行してもフラグレジスタの値は変化しない。

6.2.2　算術・論理演算命令

算術・論理演算命令には ADDA（算術加算，add arithmetic）命令，SUBA（算術減算，subtract arithmetic）命令，ADDL（論理加算，add logical）命令，SUBL（論理減算，subtract logical）命令，AND（論理積）命令，OR（論理和）命令，XOR（排他的論理和，eXclusive OR）命令がある。

まず，加算の動作について，ADDA 命令を例に説明する。ADDA は，形式 $\langle 3 \rangle$ または形式 $\langle 5 \rangle$ で表現する。形式 $\langle 3 \rangle$ の場合は，例えば「ADDA GR3, GR4」と記述する。この場合，r1 で指定したレジスタ GR3 の内容と，r2 で指定したレジスタ GR4 の内容を加算して，その加算結果を r1 で指定したレジスタ GR3 に格納する。ここで，それぞれのレジスタの内容は符号付きの数値として扱う。そして，加算結果によって FR の値が設定される。具体的には，r1 で指定したレジスタ（この例の場合 GR3）の加算後の値が正の場合は SF=0，ZF=0，零の場合は SF=0，ZF=1，負の場合は SF=1，ZF=0 となる。

形式 $\langle 3 \rangle$ ではレジスタ＋レジスタの計算を行うのに対し，形式 $\langle 5 \rangle$ ではレジスタ＋主記憶の計算を行う。例えば，(1) ADDA GR1, 100，または，(2) ADDA GR1, 100, GR2 のように記述する。(1) の場合は，図 6.7 に示すように主記憶の 100 番地（$= 64_{16}$）に格納されている値（$1F_{16}$）と汎用レジスタ GR1（31_{16}）の内容を加算して，その加算結果（50_{16}）を汎用レジスタ GR1 に格納する。(2)

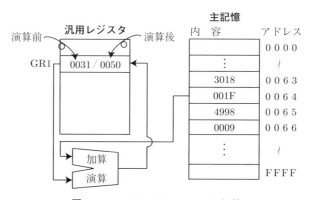

図 6.7　ADDA GR1, 100 での加算

の場合は，さらに GR2 というレジスタが追加されている．この GR2 は指標レジスタとして使用する．図 6.8 に示すように，指標レジスタ（GR2）に格納されている値と 100（= 64_{16}）を加算して，その加算結果をアドレスとし，その主記憶の内容を演算対象とする．この場合，アドレス計算の加算と本来の目的の加算と，加算が 2 度行われる．ここで，64_{16}+GR2 で求めたアドレスがインデックス・アドレッシングにおける実効アドレスである．このアドレスの指定方法は，ADDA 命令だけでなく形式 ⟨5⟩ をとるほかの算術・演算命令，比較命令，データ転送命令，また，形式 ⟨4⟩ をとる制御命令などでも同様である．

SUBA 命令は，ADDA 命令と同様の記述方法（レジスタの使用方法も同じ）

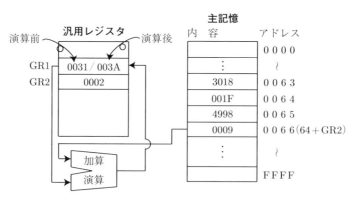

図 6.8　ADDA GR1, 100, GR2 での加算

である。異なる点は，実際の演算が ADDA では加算であるのにあるのに対し，SUBA では減算である。ADDL 命令や SUBL 命令は同様に加減算を行うが，ADDA 命令と SUBA 命令が符号付き整数の演算であるのに対し，符号なし整数の演算であり，結果のオーバフローフラグ OF の値が異なる。

つぎに，論理積の動作について AND 命令を例に説明する。AND 演算も形式 ⟨3⟩ または形式 ⟨5⟩ で表現する。すなわち，形式 ⟨3⟩ の場合は AND GR3, GR4，形式 ⟨5⟩ の場合は，(1) AND GR1, 100，または，(2) AND GR1, 100, GR2 のように記述する。形式 ⟨3⟩ と形式 ⟨5⟩ との違いは，対象がレジスタ対レジスタ（形式 ⟨3⟩）か，レジスタ対主記憶（形式 ⟨5⟩）かの違いで，演算内容はどちらの場合も同じである。

図 6.9 は，AND GR3, GR4 の場合で，GR3 には 1234_{16}，GR4 には $ABCD_{16}$ が入っているものとする。図に示すように，AND 演算では，ビット単位での論理積の演算を行い，その結果を GR3（一つめのオペランド）に格納する。さらに，演算後の GR3 の値によって FR レジスタに格納される値が異なる。具体的には，GR3 が 0 のとき ZF=1 それ以外のとき ZF=0 となる。なお，SF は GR3 の最上位ビットとなり，OF は 0 となる。

		1	2	3	4
演算前	GR3	0001	0010	0011	0100
		A	B	C	D
	GR4	1010	1011	1100	1101
演算後	GR3	0000	0010	0000	0100

図 **6.9** AND GR3,GR4 での演算例

また，OR 命令，XOR 命令は，ビット単位での演算が，それぞれ論理和，排他的論理和になる点以外は AND 命令と同じである。

例題 6.1 図 6.9 で，AND 演算ではなく，OR 演算と EX–OR 演算の演算結果を求めなさい。

【解答】 OR 演算の結果を図 **6.10** に，EX–OR の演算結果を図 **6.11** にそれぞれ示す。

		1	2	3	4			1	2	3	4
演算前	GR3	0001	0010	0011	0100	演算前	GR3	0001	0010	0011	0100
		A	B	C	D			A	B	C	D
	GR4	1010	1011	1100	1101		GR4	1010	1011	1100	1101
演算後	GR3	1011	1011	1111	1101	演算後	GR3	1011	1001	1111	1001

図 **6.10** OR GR3,GR4 での演算例   図 **6.11** XOR GR3,GR4 での演算例

◇

6.2.3 比 較 命 令

比較演算には CPA（算術比較，compare arithmetic）命令や CPL（論理比較，compare logical）命令がある。CPA 命令を例に比較動作を説明する。CPA 命令は，形式 ⟨3⟩ または形式 ⟨5⟩ で表現する。

形式 ⟨3⟩ の場合は，例えば，CPA GR3, GR4 と記述する。この場合，r1 で指定したレジスタ GR3 の内容と，r2 で指定したレジスタ GR4 の内容を比較して，その比較結果を FR レジスタに格納する。CPA 命令では，二つのレジスタの中身は，符号付きの数として扱う。具体的に FR に格納される値としては，GR3>GR4 の場合には SF= 0，ZF= 0，GR3=GR4 の場合には SF= 0，ZF= 1，GR3<GR4 の場合には SF= 1，ZF= 0 となる。すなわち，CPA 命令はオペランドで指定した二つのレジスタの減算を行い，その減算結果は格納せず（二つのレジスタの値は変化しない），FR の値だけ更新する。なお，オーバフローフラグ OF は演算結果に関わらず，0 となる。

形式 ⟨5⟩ の場合は，例えば (1) CPA GR1, 100，または，(2) CPA GR1, 100, GR2 のように記述する。(1) の場合は GR1 の値と主記憶の 100 番地（= 64_{16}）の値との比較を，(2) の場合は GR1 の内容と実効アドレス 64_{16}+GR2 で指定された主記憶の値との比較を行う。比較結果は形式 ⟨3⟩ と同様に FR に格納し，レジスタや主記憶の値は変化しない。

一方，CPL 命令は，二つのレジスタの中身を符号なしの数として扱うことが CPA 命令との違いであり，それ以外については CPA 命令と同じである。

6.2.4 シフト命令

シフト演算には，算術シフトと論理シフトがある。算術シフトには SLA（算術左シフト，shift left arithmetic）命令と SRA（算術右シフト，shift right arithmetic）命令が，論理シフトには SLL（論理左シフト，shift left logical）命令と SRL（論理右シフト，shift right logical）命令があり，これらすべてが形式 ⟨5⟩ である。

SLL 命令では，例えば，(1) SLL GR1,3 や (2) SLL GR1,3,GR2 のように記述する。GR1 の値を左にシフトし結果を GR1 に格納する。(1) では 3 が，(2) では 3+GR2 が，シフトするビット数を表す。ほかの命令では adr や adr+x が実効アドレスを表すが，シフト命令では異なる。シフトで空いたビットには 0 が入る。図 6.12 に「SLL GR1,3」の動作の例を示す。

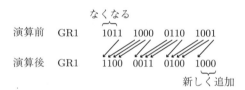

図 6.12 SLL 命令

SRL 命令は SLL 命令と同様にシフト処理を行うが，シフト方向が右となる。図 6.13 に「SRL GR1,3」の動作の例を示す。

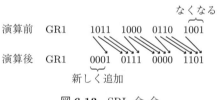

図 6.13 SRL 命令

演算の章で述べたように，算術シフトでは符号付きの値として 2^n 倍，2^{-n} 倍の計算になるようなシフトを行う。SLA 命令では，符号が変わらないように符号ビットは残してそれ以外を左シフトする。空いたビットには 0 を入れる。図 6.14 に「SLA GR1,3」の動作の例を示す。

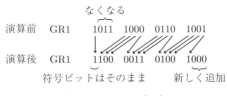

図 6.14　SLA 命令

SRA 命令ではシフトで空いたビットに 0 を入れるのではなく，符号ビットの値をコピーする．図 6.15 に SRA GR1,3 の動作の例を示す．

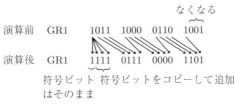

図 6.15　SRA 命令

6.2.5　分　岐　命　令

分岐命令は，表 6.6 の制御命令に属するもので，無条件分岐と条件分岐がある．無条件分岐は，その命令が実行された場合には，必ず命令中に記載されたアドレスに分岐する（制御を移す）命令である．一方，条件分岐は，指定された条件が満たされた場合のみ，命令中に記載されたアドレスに分岐する命令である．条件が満たされない場合は，分岐せずにつぎの命令に制御を移す．

CASL II の無条件分岐には，JUMP 命令がある．JUMP 命令は形式 ⟨4⟩ で表現し，命令が実行されると adr [,x] で指定した実効アドレスに分岐する．また，JUMP 命令は，実行してもフラグレジスタの値は変化しない．

条件分岐には，JPL（正分岐, jump on plus）命令，JMI（負分岐, jump on minus）命令，JZE（零分岐, jump on zero）命令，JNZ（非零分岐, jump on non zero）命令，JOV（オーバフロー分岐, jump on overflow）命令の五つがある．いずれの命令も形式 ⟨4⟩ で表現し，フラグレジスタの値によって，指定した分岐先に制御を移す．具体的な分岐の動作について，JPL 命令を例に説明

する。フラグレジスタの SF と ZF がともに 0 の場合に，adr [,x] で指定した実効アドレスに分岐する（制御を移す）。一般的に，分岐命令は比較命令と一緒に用いられることが多い。図 6.16 に比較命令と分岐命令を用いた例を示す。図の場合，GR1 と GR2 の値を比較して，GR1 > GR2 の場合（SF=0, ZF=0）に，アドレス 10 に分岐することを示している。また，分岐命令を実行してもフラグレジスタの値は変化しない。

```
1：    CPA GR1, GR2    ; GR1>GR2 なら, SF=ZF=0 とする
2：    JPL 10          ; SF=ZF=0 の場合, アドレス 10 に分岐
```

図 **6.16**　比較命令と分岐命令

6.3　プログラムの記述方法

CASL II でのプログラムは，各行につき，①ラベル欄，②命令コード欄，③オペランド欄，④コメント欄の四つから構成される。詳細は，以下のとおりである。

①　**ラベル欄**　　ラベル欄は，その命令のアドレス（当該命令の先頭アドレス）を，ほかの命令やプログラムで参照するための名前である。このラベル名は 8 文字以内で先頭はアルファベットの大文字でなくてはならない。また，2 文字目以降は，アルファベットの大文字，または数字を用いることができる。ラベルは，必ず各行の 1 文字目（先頭）から記述する。この 1 文字目が空白の場合は，ラベルはないと認識される。

②　**命令コード欄**　　命令コード（オペコード）欄には，6.2 節で説明した機械語命令，アセンブラ命令，マクロ命令を記述する。ただし，ラベルを記入したときは，ラベル名の後ろに 1 文字以上の空白が必要である。ラベルがないときは，2 文字目以降の任意の位置に記入することができる。

③　**オペランド欄**　　オペランドを必要とする命令（表 6.5 の形式 ⟨2⟩～⟨5⟩ の命令）の場合に，レジスタやアドレスなどのオペランドを記入する。また，オ

ペランドを記入する場合には，命令コードのうしろに1文字以上の空白を設けて適切なオペランドを記入する。オペランドが複数ある場合には，空白を入れずカンマ「,」で区切る。

④ **コメント欄**　通常，セミコロン「;」をつけて，それ以降はコメント（注釈）とする。このコメントには，覚え書きなどの任意の情報を書くことができる。ただし，使用できる文字は，CASL II で用いることのできる文字に限られる。また，オペランドのうしろに，1文字以上の空白を設ければ，それ以降の文字はコメント（注釈）として扱われる。

プログラムの開始と終了には，アセンブラ命令である START と END を用いる。まず，先頭に必ず START を記述する必要があり，START の前にはラベル（一般には，プログラムの内容がわかるラベル名）を記述する。一方，プログラムの終わりには，END を記述する。

また，定数の定義にはアセンブラ命令である DC 命令を用いる。CASL II では 10 進定数以外に，16 進定数，文字定数，アドレス定数を使用することができる。具体的な記述例を**図 6.17** に示す。

(a)　NUM10　　DC　　4
(b)　NUM16　　DC　　#001B
(c)　CHA　　　DC　　'LOOP'
(d)　ADDR　　DC　　NUM10
(e)　DATA　　DC　　3, 7, -4, -1, 1

図 6.17　DC 命令の記述例

10 進定数の定義は，定義したい定数を 10 進数で記述する。図の (a) の場合には，10 進数で表される値 4 を主記憶に格納し，その主記憶のアドレスをラベル NUM10 で表す。

16 進定数の定義は，定義したい定数の前に，# を付けて 16 進数で 4 桁で記述する。図の (b) の場合，ラベル NUM16 がある主記憶に，16 進数の値 $1B_{16}$ を主記憶に格納し，その主記憶のアドレスをラベル NUM16 で表す。

文字定数の定義は，定義したい文字列をアポストロフィ「'」で囲む。図の (c) の場合，文字データを主記憶に格納し，そのアドレスをラベル CHA で表す。具体的には文字列の左端（この例の場合は L）から 1 文字ずつ，連続するワード（16 ビット）の下位 8 ビットに，上位 8 ビットには 0 を代入する。

アドレスの定義には，ラベル名に対応したアドレスを主記憶に格納する。図の (d) の場合，ラベル ADDR には，ラベル NUM10 が示す主記憶のアドレスが格納される。

複数の定数を定義するには，図の (e) の場合のように，カンマで区切って指定する。**図 6.18** に示すように，主記憶上では，定義したラベルを先頭とする連続した領域に 1 ワード（16 ビット）ごとに定数が格納される。ここで，−4 や −1 などの負数は，16 ビットの 2 の補数表現で格納される。つまり，−4 では，1111111111111100 が格納される。ただし，図では 16 進数表記を用いているため，FFFC となる。同様に，−1 は FFFF となる。

図 **6.18** 複数の定数を定義した場合の主記憶の状態

CASL II では，領域の確保にアセンブラ命令である DS 命令を用いる。この DS 命令を用いることで，主記憶に指定したワード分の領域をあらかじめ確保することができる。**図 6.19** に DS 命令の記述例を示す。

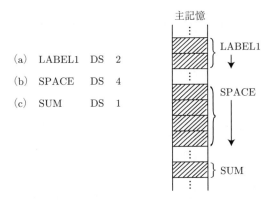

(a) LABEL1　DS　2
(b) SPACE　 DS　4
(c) SUM　　 DS　1

図 **6.19** DS 命令の記述例

(a) では，LABEL1 として主記憶に 2 ワード分の領域（16 ビット ×2）を，(b) では SPACE として主記憶に 4 ワード分の領域（16 ビット ×4）を，(c) では SUM として主記憶に 1 ワード分の領域（16 ビット）を確保したことになる。

図 6.20 に，DC 命令と DS 命令を使ったプログラムの記述例を示す。このプログラムは，NUM1 におかれた値と NUM2 におかれた値を加算して，NUM3 におく。なお，行頭の番号はプログラムの一部ではない。この例に示すように DC 命令と DS 命令で確保した領域は，ラベル名を用いて変数のように使うことができる。

```
   :ラベル     オペコード   オペランド    注  釈
 1: SAMPLE1   START                   ;プログラムの開始
 2:           LD          GR1, NUM1   ;GR1 に NUM1 にある値を代入
 3:           ADDA        GR1, NUM2   ;GR1 に NUM2 にある値を加算
 4:           ST          GR1, NUM3   ;GR1 の内容を NUM3 に格納
 5:           RET                     ;呼出し元へ戻る
 6: NUM1      DC          12          ;欄外の † 参照
 7: NUM2      DC          24          ;欄外の †† 参照
 8: NUM3      DS          1           ;NUM3 の領域を 1 ワード分確保
 9:           END                     ;プログラムの終了
```

† データ領域を確保して，そのアドレスを NUM1 とし，定数 12 を格納する。
†† データ領域を確保して，そのアドレスを NUM2 とし，定数 24 を格納する。

図 6.20　DC 命令と DS 命令を使ったプログラムの記述例

6.4　基本的なプログラムの例

CASL II の基本的なプログラムについて，図 6.21 を用いて説明する。ここ

```
    :ラベル     オペコード   オペランド    注  釈
 1: SAMPLE2   START                    ;プログラムの開始
 2:           LD           GR1, NUM1   ;GR1 に 4(NUM1) を代入
 3:           SLA          GR1, 3      ;GR1 を左に 3 ビットシフト
 4:           LD           GR2, NUM1   ;GR2 に 4(NUM1) を代入
 5:           SLA          GR2, 2      ;GR2 を左に 2 ビットシフト
 6:           ADDA         GR1, GR2    ;NUM1×2^3+NUM1×2^2 を計算
 7:           ST           GR1, MUL    ;計算結果を MUL に格納
 8:           RET                      ;呼出し元へ戻る
 9: NUM1      DC           4           ;被乗数
10: MUL       DS           1           ;MUL の領域を確保
11:           END                      ;プログラムの終了
```

図 6.21　乗算のプログラムの例

6.4 基本的なプログラムの例

でのプログラム例では，管理プログラム（呼出し元）から呼び出されて，シフトによる乗算を行い，リターンして呼出し元へ戻るものとする。

図では，NUM1 に格納されている値（図の例では 4）の 12 倍を計算する。シフトと加算で 12 倍を計算するために，図では，NUM1×12 を NUM1×(2^3+2^2) = NUM1×2^3+NUM1×2^2 としている。すなわち，NUM1 を左に 3 ビットシフトした値と 2 ビットシフトした値の和を計算する。

つぎに，条件分岐を行うプログラムの例を **図 6.22** に示す。図では，加算をしてその結果がオーバフローしたかを判定する。図の例では，まず，NUM1 と NUM2 で指定されたアドレスに格納されている値を符号なし数値として加算する（2，3 行目）。つぎに，オーバフローのチェックを行う（4 行目）。オーバフローをしなければ計算結果を SUM に格納し（5 行目），呼出し元へ戻る（6 行目）。加算結果が 0 〜 65 535 の間のみ正しい結果であり，図は 40 000+40 000 のため，加算結果はオーバフローする。そのため，LABEL1 に条件分岐をして，符号なし数値の最大値である 65 535 を GR1 に代入して（7 行目），GR1 を SUM の領域に格納し（8 行目），分岐元の処理に戻る（9 行目）。この例のようにオーバフローした場合に，最大値を返す処理を飽和処理（またはクリッピング）と呼ぶ。

	:ラベル	オペコード	オペランド	注 釈
1:	SAMPLE3	START		;プログラムの開始
2:		LD	GR1, NUM1	;GR1 に 40 000 を代入
3:		ADDL	GR1, NUM2	;GR1 に 40 000+40 000 を代入
4:		JOV	LABEL1	;OF が 1 なら LABEL1 へ分岐
5:		ST	GR1, SUM	;GR の内容を SUM に格納
6:	LABEL2	RET		;呼出し元へ戻る
7:	LABEL1	LD	GR1, MAX	;GR1 に最大値を代入
8:		ST	GR1, SUM	;GR1 の内容を SUM に格納
9:		JUMP	LABEL2	;LABEL2 へ無条件分岐
10:	NUM1	DC	40000	;元の数
11:	NUM2	DC	40000	;加算する数字
12:	SUM	DS	1	;SUM の領域を確保
13:	MAX	DC	65535	;符号なし値
14:		END		;プログラムの終了

図 **6.22** 加算判定のプログラムの例

図では，指定した条件によって，通常の加算処理をするか，飽和処理をするかの条件分岐を行っている．このような条件分岐を if~else による条件分岐と呼ぶ．**図 6.23** に if~else の構造を示す．if~else の条件分岐では，条件を満たした場合と満たさなかった場合について，それぞれ分岐先の実行文を指定する．図 6.22 では，5 行目が図 6.23 の実行文 (1) に対応し，7, 8 行目が図 6.23 の実行文 (2) に対応する．なお，満たさなかった場合に処理が必要なければ，実行文を記述しない．

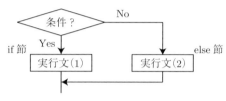

図 6.23 if~else による条件分岐

C 言語などの構造化プログラムでは，逐次実行・条件分岐・繰返しの三つの処理でプログラムを表現する．繰返しの例として，1 から n までの和を計算するプログラムを**図 6.24** に示す．図は，プログラム中のラベル FINISH の値を変更することで，任意の値 n までの総和を計算することができる．この例では，FINISH を 5 として，1 から 4 までの和を求めている．

```
 1:  SAMPLE4   START                  ;プログラムの開始
 2:            LD        GR1, ZERO    ;GR1 に 0 を代入
 3:            LD        GR2, ONE     ;GR2 に 1 を代入
 4:  LOOP      ADDA      GR1, GR2     ;GR1=GR1+GR2 を計算
 5:            ADDA      GR2, ONE     ;GR2 をインクリメント (+1)
 6:            CPA       GR2, FINISH  ;規定回数未満かのチェック
 7:            JMI       LOOP         ;ループの最初に分岐
 8:            ST        GR1, SUM     ;計算結果を SUM に格納
 9:            RET                    ;呼出し元へ戻る
10:  ZERO      DC        0            ;初期化のために使用
11:  ONE       DC        1            ;定数 1 のために使用
12:  FINISH    DC        5            ;加算する範囲を設定
13:  SUM       DS        1            ;SUM の領域を確保
14:            END                    ;プログラムの終了
```

図 6.24 1 から n までの和を計算するプログラム

図では，二つのレジスタ（GR1 と GR2）を使用する。GR1 は和を格納するために使用し，GR2 はループカウンタに使用する。最初に，LD 命令によって，二つのレジスタに初期値として，GR1 には 0 を，GR2 には 1 をそれぞれ格納する（2, 3 行目）。そして，ループ処理部（4 行目〜7 行目）において，規定回数 n 以下（この例の場合は 4 以下を 5 未満として扱う）の間は，GR1=GR1+GR2 を計算する。ここで，ループカウンタ GR2 が，ループ処理（繰返し処理）ごとに

コーヒーブレイク

即　値

　COMET II では原則，定数は主記憶上のデータ領域に置き，そのラベル（アドレス）で指し示す方法を取る。一方で，定数を命令のオペランドとして与える方法もある。オペランドとして命令語の一部に置かれる定数を即値（immediate）と呼ぶ。プロセッサによっては，即値ロード命令，即値演算命令などを持ち，それらを使用することで，メモリアクセスの回数を減らすことができる。
　COMET II では，アセンブリコードに "=" 記号を使って
　　　ADDA　　GR1,=1
などと即値を記述することができるが，これは
　　　ADDA　　GR1,TMP1
　　　...
　　　TMP1　DC　1
のように主記憶上に定数を置くコードに置き換えられる。また，本来の目的とは異なるが，LAD 命令を用いて即値演算をすることもできる。例えば
　　　LAD　　GR1,1
とすれば即値ロードを
　　　LAD　　GR1,1,GR1
とすれば即値加算が実行できる。定数の中でも，特に 0 は使用頻度が高い。プロセッサによっては定数 0 を表す特別なレジスタを用意している。COMET II では，例えば
　　　SUB　　GR1,GR1
や
　　　XOR　　GR1,GR1
とすることで 1 命令でメモリアクセスなしにゼロの代入を実行することができる。

インクリメント（GR2=GR2+1）される（5行目）。そして，GR1=GR1+GR2 と加算していくため，最終的に，GR1 には，$1+2+\cdots+n$ の値が格納される。GR2 が 5 未満の場合は CPA 命令を実行すると，符号フラグ SF に 1 が設定される。そのため，つぎの行の JMI 命令（SF=1 の場合に，指定したアドレスに制御を移す）によって，ラベル LOOP のある行に制御が移る，すなわち，繰返し処理を実行する。GR2 が 5 になると JMI 命令では分岐せずループを抜け出して，加算結果を SUM に格納し（8行目），呼出し元へ制御を戻す（9行目）。

繰返し処理の一般的な構造を図 6.25 に示す。繰返し処理では，まず，初期値を設定（図の処理 (1)）する。つぎに条件判定を行い，条件を満たした場合は，具体的な繰返し処理として処理 (2) を行う。また，条件を満たさない場合は，繰返し処理を行う部分から抜け出す。

処理 (1) での初期値設定では複数の初期値を指定することができ，処理 (2) での繰返し処理も複数の処理を行うことができる。

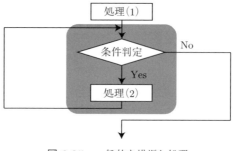

図 **6.25** 一般的な繰返し処理

例題 6.2 つぎの問いに答えなさい。

(1) ラベル NUM1 と NUM2 で指定した数の平均を，ラベル AVE で指定する領域に書き込むプログラムを書きなさい。ただし，平均を求めるときの割り算には，シフト演算を用いることとする。

(2) 図 **6.26** は，DATA の中から最小値を見つけるプログラムである。空白の 7 行目と 8 行目を埋めなさい。

6.4 基本的なプログラムの例

```
 1:  SAMPLE5    START                       ; プログラムの開始
 2:             LD       GR1, ONE           ; GR1 はカウンタ
 3:             LD       GR2, ONE           ; インクリメント用定数
 4:             LD       GR3, DATA          ; 最小値を保持
 5:  LOOP       LD       GR4, DATA, GR1     ; 比較対象を GR4 に格納
 6:             CPA      GR3, GR4           ; 最小値の比較
 7:
 8:
 9:  SKIP       ADDA     GR1, GR2           ; カウンタの更新
10:             CPA      GR1, FINISH        ; 規定回数未満かチェック
11:             JMI      LOOP               ; ループの最初に分岐
12:             ST       GR3, MIN           ; 最小値を MIN に格納
13:             RET                         ; 呼出し元へ戻る
14:  ONE        DC       1                  ; 定数 1 に使用
15:  DATA       DC       3, -1, 4, -5, 6    ; データの作成
16:  FINISH     DC       5                  ; データの個数 5 を設定
17:  MIN        DS       1                  ; MIN の領域を確保
18:             END                         ; プログラムの終了
```

図 **6.26** 最小値を見つけるプログラム

【解答】

(1) 解答例を図 **6.27** に示す．まず，最初（1 行目）に，プログラムを開始するためのアセンブラ命令である START を書く．つぎに，2 行目と 3 行目で，二つのラベル（NUM1 と NUM2）で指定した値を，GR1 と GR2 にそれぞれロードする．そして，平均を求めるために加算（4 行目）して，加算結果を 1 ビット右にシフト（5 行目）する．1 ビット右にシフトすると，

```
 1:  SAMPLE6    START                    ; プログラムの開始
 2:             LD     GR1, NUM1         ; GR1 に 3(NUM1) を代入
 3:             LD     GR2, NUM2         ; GR2 に 5(NUM2) を代入
 4:             ADDA   GR1, GR2          ; GR1=GR1+GR2 を計算
 5:             SRA    GR1, 1            ; 1 ビット右シフト
 6:             ST     GR1, AVE          ; 平均を AVE に格納
 7:             RET                      ; 呼出し元へ戻る
 8:  NUM1       DC     3                 ; 初期化のために使用
 9:  NUM2       DC     5                 ; 初期化のために使用
10:  AVE        DS     1                 ; AVE の領域を確保
11:             END                      ; プログラムの終了
```

図 **6.27** 二つの数の平均を求めるプログラム

元の数の 1/2 倍になる．6 行目で，求めた平均を主記憶の AVE のラベルのアドレスに格納する．最後に，7 行目で呼出し元へ戻る．

(2) 図 6.26 のプログラムでは，GR3 に，これまでの最小値を格納し，比較対象を GR4 に格納する．前処理として，DATA の先頭のデータを，GR3 に格納する．そして，DATA にある 2 番目のデータを GR4 に格納して比較をする．GR3>GR4 なら，GR4 の中身を GR3 に代入する．さらに，新しい比較対象を GR4 に代入して，同様の処理を規定回数（データの個数 −1）繰り返す．

図 6.26 の 7 行目は，GR3<GR4 なら，処理を 9 行目（カウンタの更新）に移動させる．そうでなければ，すなわち，GR3>GR4 なら，新しい比較対象のほうが小さいので，8 行目で，GR3 と GR4 の入れ換えを行う．ここで，この GR3<GR4 の判定は，7 行目の CPA によって更新された SF レジスタの値を使用する．したがって，7 行目と 8 行目は

```
7:    JMI    SKIP
8:    LD     GR3,GR4
```

となる． ◇

6.5　CASL II と機械語

CASL II では，命令語（機械語）の構成は定義されていないが，**表 6.8** に示す構成が想定されている．表で命令語の区切られたそれぞれの部分，例えば第 1 語の 15…8 ビット，7…4 ビットなどをフィールドと呼ぶ．レジスタを示すフィールドでは，GR0〜GR7 をそれぞれ 0000 〜 0111 で表す．どのように機械語に変換するかについて，表に基づいて，**図 6.28** を例に説明する．ここでラベル NUM の示すアドレスは 0007 とする．

まず，表 6.8 により，1 行目は，LD r, adr[,x] の形式となる．そのため，2 語構成の命令となり，1 語目の 15…8（8 ビット）は，00010000 となる．つぎに，7…4（4 ビット）は，GR1 に対応するため 0001 となる．また，3…0（4 ビット）は，インデックスレジスタに対応するが，この例では使用しないため 0000 とする．そして，2 語目はアドレスのため，0000000000000111 となる．したがって，16 進数表記をすれば，1 語目が 1010 で，2 語目が 0007 となる．

表 6.8 CASL II の機械語の構成

機械語命令	語長	第1語 (16ビット) MSB ... LSB			第2語 (16ビット) MSB ... LSB
		15...8	7...4	3...0	15...0
LD r,adr[,x]	2	00010000	r	x	adr
LD r1,r2	1	00010100	r1	r2	—
LAD r,adr[,x]	2	00010010	r	x	adr
ST r,adr[,x]	2	00010001	r	x	adr
ADDA r,adr[,x]	2	00100000	r	x	adr
ADDA r1,r2	1	00100100	r1	r2	—
SUBA r,adr[,x]	2	00100001	r	x	adr
SUBA r1,r2	1	00100101	r1	r2	—
ADDL r,adr[,x]	2	00100010	r	x	adr
ADDL r1,r2	1	00100110	r1	r2	—
SUBL r,adr[,x]	2	00100011	r	x	adr
SUBL r1,r2	1	00100111	r1	r2	—
AND r,adr[,x]	2	00110000	r	x	adr
AND r1,r2	1	00110100	r1	r2	—
OR r,adr[,x]	2	00110001	r	x	adr
OR r1,r2	1	00110101	r1	r2	—
XOR r,adr[,x]	2	00110010	r	x	adr
XOR r1,r2	1	00110110	r1	r2	—
CPA r,adr[,x]	2	01000000	r	x	adr
CPA r1,r2	1	01000100	r1	r2	—
CPL r,adr[,x]	2	01000001	r	x	adr
CPL r1,r2	1	01000101	r1	r2	—
SLA r,adr[,x]	2	01010000	r	x	adr
SRA r,adr[,x]	2	01010001	r	x	adr
SLL r,adr[,x]	2	01010010	r	x	adr
SRL r,adr[,x]	2	01010011	r	x	adr
JMI adr[,x]	2	01100001	0000	x	adr
JNZ adr[,x]	2	01100010	0000	x	adr
JZE adr[,x]	2	01100011	0000	x	adr
JUMP adr[,x]	2	01100100	0000	x	adr
JPL adr[,x]	2	01100101	0000	x	adr
JOV adr[,x]	2	01100110	0000	x	adr
PUSH adr[,x]	2	01110000	0000	x	adr
POP r	1	01110001	r	0000	—
CALL adr[,x]	2	10000000	0000	x	adr
RET —	1	10000001	0000	0000	—
SVC adr[,x]	2	11110000	0000	x	adr
NOP —	1	00000000	0000	0000	—

```
1:      LD      GR1, NUM        :ラベル NUM のアドレスの内容を GR1 へ
2:      ADDA    GR1, GR2        :GR1 と GR2 を加算
```

図 **6.28** 機械語変換用の例題

つぎに，2 行目の ADDA 命令は表 6.8 より 1 語構成の命令となる。15…8（8 ビット）は，00100100 で，7…4（4 ビット）と 3…0（4 ビット）は，それぞれ GR1 と GR2 に対応するため，0001 と 0010 となる。16 進数表記をすれば 2412 となる。このようにアセンブリ言語から機械語へ変換することをアセンブルするという。

インデックスレジスタに GR0 が使用できない理由は，使用しない場合を 0 としているためで，もし GR0 をインデックスレジスタとして使用した場合，未使用の 0 か GR0 かの違いを区別することができない。

例題 6.3 機械語への変換について，つぎの問いに答えなさい。

(1) 図 **6.29** はあるプログラムの一部である。表 6.8 を用いて，図 6.29 を機械語に変換しなさい。ただし，ラベル N1, N2, N3 の示すアドレスをそれぞれ 000Ah, 000Bh, 000Ch とする。

```
1:      LD      GR1, N1
2:      LD      GR2, N2
3:      ADDA    GR1, GR2
4:      ST      GR1, N3
5:      RET
```

図 **6.29** アセンブリ言語から機械語への練習問題

(2) つぎの機械語を CASL II のアセンブリ言語に変換しなさい。ただし，各命令は，16 進数で表記されているものとする。

  (a) 3456
  (b) 52200008
  (c) 10730004

【解答】
(1) **表 6.9** の括弧内の数字は，2 進数の機械語を 16 進数で表記したものである。

表 **6.9** 図 6.29 の機械語

行番号	機械語
1:	0001000000010000 (1010),　0000000000001010 (000A)
2:	0001000000100000 (1020),　0000000000001011 (000B)
3:	0010010000010010 (2412)
4:	0001000100010000 (1110),　0000000000001100 (000C)
5:	1000000100000000 (8100)

(2)
(a) まず，16 進数の 3456 を 2 進数に変換すると，0011010001010110 となる。機械語の最初の 8 ビットがオペコードを表している。この例では 00110100 であり，これは表 6.8 より 1 語の AND 命令（AND r1, r2）の形式であるとわかる。つぎの 4 ビット（0101）が r1 に，最後の 4 ビットが（0110）が r2 に対応する。したがって，アセンブリ言語に変換（逆アセンブル）すると

　　　AND　GR5, GR6

となる。

(b) 1 語目の 16 進数の 5220 を 2 進数に変換すると，0101001000100000 となる。オペコードの 01010010 は，表 6.8 より 2 語の SLL 命令（SLL r, adr[, x]）の形式であるとわかる。つぎの 4 ビット（0010）が r に，最後の 4 ビット（0000）がインデックスレジスタに対応する。ただし，インデックスレジスタが 0 の場合は使用しないことを表している。そして，2 語目（0008）が，adr に対応している。したがって，アセンブリ言語に変換すると

　　　SLL　GR2, 8

となる。

(c) 1 語目の 16 進数の 1073 を 2 進数に変換すると，0001000001110011 となる。オペコードの 00010000 は，表 6.8 より 2 語の LD 命令（LD r, adr[, x]）の形式であるとわかる。つぎの 4 ビット（0111）が r に，最後の 4 ビットが（0011）がインデックスレジスタに対応する。そ

して，2語目（0004）が，adr に対応している。したがって，アセンブリ言語に変換すると

LD GR7, 4, GR3

となる。 ◇

6.6　機械語と主記憶

　COMET II はプログラム内蔵方式であるため，プログラム（機械語）は主記憶に格納されている。具体的な格納方法について，図 6.29 と表 6.9 を例に説明する。COMET II の主記憶は，図 6.1 に示すように，一つの番地が 1 語（16 ビット）で構成されている。そのため，1 語命令である ADDA，RET は，一つの命令で一つの番地を使用する。一方，LD，ST は 2 語命令であるので，一つの命令で二つの番地を使用する。**表 6.10** に，図 6.29 のプログラムを格納した主記憶の状態を示す。表の主記憶のアドレスと内容は，16 進数表記を用いている。この例では，プログラムが 1000 番地から始まるものとする。

表 6.10　図 6.29 のプログラムを格納した主記憶の状態

アセンブリ言語	主記憶 アドレス	内容
LD GR1,N1	1000	1010
	1001	000A
LD GR2,N2	1002	1020
	1003	000B
ADDA GR1,GR2	1004	2412
ST GR1,N3	1005	1110
	1006	000C
RET	1007	8100

　命令だけでなくデータ，すなわち DC 命令や DS 命令で確保した領域も主記憶に格納される。**図 6.30** は DC，DS を用いたプログラムの例の一部である。例えば，これらのデータが 2000 番地から格納される場合，1 語のデータ一つが

6.6 機械語と主記憶　　153

```
1:      NUM         DC      4
2:      ARRAY       DC      3, 6, 5, 2
3:      SUM         DS      1
```

図 **6.30**　DC 命令や DS 命令の主記憶での状態

番地を一つ使用するため，**表 6.11** のようになる。DS は領域の確保だけで値は定義しないが，通常 0 が書き込まれる。

表 **6.11**　図 6.30 のプログラムを格納した主記憶の状態

アセンブリ言語	主記憶	
	アドレス	内容
NUM	2000	0004
ARRAY	2001	0003
	2002	0006
	2003	0005
	2004	0002
SUM	2005	0000

例題 6.4　図 **6.31** に示すプログラムが，どのように主記憶に格納されるか答えなさい。ただし，プログラムは主記憶の 1000 番地から格納し，命令およびデータはこの順番で隙間なく並べるものとする。プログラムを実行した結果の SF と ZF の値を答えなさい。

```
1:  SAMPLE7     START
2:              LD          GR1, NUM1
3:              LD          GR2, NUM2
4:              CPL         GR1, GR2
5:              RET
6:  NUM1        DC          1
7:  NUM2        DC          65535
8:              END
```

図 **6.31**　ラベルがある場合の機械語への変換問題

【解答】　図 6.31 の 1 行目の START と 8 行目の END は，機械語のコードは生成されない。まず，2 行目から 5 行目の命令に対する機械語を考える。2 行目の

LD GR1, NUM1 について，表 6.8 より，LD r, adr[, x] の形式の命令であるが，NUM1 のアドレスが不明である。そこで，まず，機械語のわかる箇所（変換が可能な箇所）について変換を行い，この命令で使用する番地を確定させる。同様に，5 行目まで変換を進める。さらに，6 行目・7 行目についてもデータが使用する番地についても確定させる。変換した結果（1 回目のアセンブルの実行結果）を**表 6.12** に示す。アドレスが不明な部分は，∗ で表す。

表 6.12 1 回目のアセンブラ実行後の主記憶の状態

アセンブリ言語	主記憶 アドレス	内容
LD GR1,NUM1	1000	1010
	1001	****
LD GR2,NUM2	1002	1020
	1003	****
CPL GR1,GR2	1004	4512
RET	1005	8100
NUM1 DC 1	1006	0001
NUM2 DC 65535	1007	FFFF

表 6.12 より，1 回目のアセンブルを実行することで，各命令が使用する番地（1 語命令または 2 語命令）がわかるため，二つのラベルに対応するアドレスがわかる。最終的な結果を**表 6.13** に示す。

表 6.13 ラベルのアドレスが確定した主記憶の状態

アセンブリ言語	主記憶 アドレス	内容
LD GR1,NUM1	1000	1010
	1001	1006
LD GR2,NUM2	1002	1020
	1003	1007
CPL GR1,GR2	1004	4512
RET	1005	8100
NUM1 DC 1	1006	0001
NUM2 DC 65535	1007	FFFF

また，このプログラムを実行した場合，GR1（0001 が格納されてる）と GR2（FFFF が格納されている）を比較する。GR1 と GR2 を符号なし整数として扱うので，GR1<GR2 となる。そのため，SF=1，ZF=0 となる。　　　　◇

章 末 問 題

【1】 図 6.31 の 4 行目の CPL 命令を CPA 命令に代えると，GR1>GR2 となる。その理由を述べなさい。また，変更した場合の SF と ZF の値を答えなさい。

【2】 つぎの機械語を CASL II のアセンブリ言語に変換しなさい。ただし，各命令は，16 進数で表記されているものとする。
  (1) 32140005
  (2) 2552
  (3) 66060006

【3】 図 6.32 に示すプログラムが，どのように主記憶に格納しているか答えなさい。ただし，プログラムは主記憶の 1000 番地から格納し，命令およびデータはこの順番で隙間なく並べるものとする。

```
1:   SAMPLE8    START
2:              LD       GR1, NUM1, GR3
3:              LD       GR2, NUM2, GR4
4:              AND      GR1, GR2
5:              ST       GR1, 5
6:              RET
7:   NUM1       DC       3
8:   NUM2       DC       -3
9:              END
```

図 6.32 インデックスレジスタがある場合の機械語への変換問題

【4】 図 6.26 のプログラムに，最大値を見つけるプログラムを追加しなさい。

【5】 図 6.33 のプログラムについて以下の問いに答えなさい。
  (1) このプログラムを実行した結果の RSLT の値を答えなさい。
  (2) このプログラムはなにを実行するプログラムか答えなさい。
  (3) このプログラムを機械語に変換しなさい。ただし，プログラムは主記憶の 0000 番地から格納し，命令およびデータはこの順番で隙間なく並べるものとする。

156   6. コンピュータの言葉

```
 1: SAMPLE9    START
 2:            LD      GR1, NUM
 3:            SUBA    GR2, GR2
 4:            SUBA    GR3, GR3
 5: BGNLP      CPA     GR2, NUM
 6:            JMI     CONT
 7:            ST      GR3, RSLT
 8:            RET
 9: CONT       ADDA    GR3, DATA, GR2
10:            LAD     GR2, 1, GR2
11:            JUMP    BGNLP
12: NUM        DC      4
13: DATA       DC      3, 8, 2, 6
14: RSLT       DS      1
15:            END
```

図 6.33　前方への条件分岐がある場合の機械語への変換問題

7 制御

コンピュータは命令に従って動作するが，本章では，実際にどのように動作を制御するのかについて説明する．コンピュータにおける制御は，有限状態機械（finite state machine）として扱う．そこで，まず，有限状態機械について説明し，つぎに，具体的な制御方法について解説する．そして，高速化の技術について，最後に割込み処理について説明する．

7.1 有限状態機械

有限状態機械とは，有限個の「状態」と「状態の遷移」で構成する数学的なモデルで，外部からの入力パターンに対する動作（出力）を規定するものである．

まず，有限状態機械で重要な「状態遷移表」と「状態遷移図」について，リセット付き 2 ビットカウンタを例に説明する．このカウンタでは，カウント信号（C）が入力（$C=1$ の場合）されるごとに，0, 1, 2, 3, 0, 1…とカウントする．このカウント値を出力 N とする．ただし，リセット信号（R）が入力（$R=1$ の場合）されると，出力は 0 になる．状態遷移図を**図 7.1** に示す．図で，丸が状態であり，丸の中の S0, S1, S2, S3 がその状態の名前を表している．これらはカウントしている数字（0, 1, 2, 3）にそれぞれ対応し，丸の中の N は出力値を表す．矢印が状態の遷移であり，矢印に付けられた C と R はそれぞれカウント信号とリセット信号に対応し，その値が遷移の条件を示している．この例の場合，S2 の状態の遷移先は，S0, S2, S3 のいずれかである．例えば，S0 に遷移する場合は，$R=1$, $C=*$ である．ここで，*は don't care の記号であり，0 でも 1

158　　7. 制　　　　　御

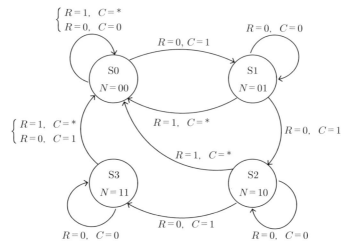

図 **7.1**　状態遷移図

でもどちらでもよいことを表している。また，状態 S3 から状態 S0 へは，三つの場合（$R=1$, $C=*$ または $R=0$, $C=1$）で遷移する。各状態において，自身に戻ってくる矢印（例えば，S1 の状態で $R=0$, $C=0$ の場合）は，遷移しない（同じ状態に留まる）ことを示している。

状態遷移図を表の形式で表したものが，状態遷移表であり，**表 7.1** に，図 7.1 の状態遷移表を示す。表の中の S^t, S^{t+1} はそれぞれ時刻 t, $t+1$ の状態を表す変数である。この例では，ムーア型（Moore 型）と呼ばれる表記方法を用いているが，これとは別にミーリ型（Mealy 型）と呼ばれる表記方法もある。状態遷移図や状態遷移表からの順序回路の構成方法などについては，論理回路やディジタル回路の専門書を参照されたい。

また，順序回路では有限状態機械の入力，

表 **7.1**　状態遷移表

入力信号		現状態	出力	次状態
C	R	S^t	N	S^{t+1}
0	0	S0	00	S0
0	1	S0	00	S0
1	0	S0	00	S1
1	1	S0	00	S0
0	0	S1	01	S1
0	1	S1	01	S0
1	0	S1	01	S2
1	1	S1	01	S0
0	0	S2	10	S2
0	1	S2	10	S0
1	0	S2	10	S3
1	1	S2	10	S0
0	0	S3	11	S3
0	1	S3	11	S0
1	0	S3	11	S0
1	1	S3	11	S0

状態，出力をビット列で表す．時刻 t における入力（この例の場合は R と C）を $(x_1(t), x_2(t), \cdots, x_\ell(t))$，状態（$S^t$）を $(y_1(t), y_2(t), \cdots, y_m(t))$，出力（$N$）を $(z_1(t), z_2(t), \cdots, z_n(t))$ とした場合，時刻 $t+1$ の状態を決定する状態遷移関数 f と，出力を決定する出力関数 g は，以下のようになる．

$$y_i(t+1) = f_i(x_1(t), x_2(t), \cdots, x_\ell(t), y_1(t), y_2(t), \cdots, y_m(t)) \quad (7.1)$$

$$z_j(t+1) = g_j(x_1(t), x_2(t), \cdots, x_\ell(t), y_1(t), y_2(t), \cdots, y_m(t)) \quad (7.2)$$

このように有限状態機械は，状態の集合，入力の集合，出力の集合，状態遷移関数，出力関数の五つで定義される．

7.2 制御回路とデータパス

コンピュータは，一般的に**図 7.2** に示すように制御回路とデータパス（datapath）で構成される．データパスは，加算や乗算などを行う演算器および値を保存するレジスタなどをつないだ経路（path）であり，これに沿って演算が行われる．一方，制御回路は，命令に従って演算器やレジスタに指示を出す，すなわちデータパスを制御する．この制御回路は，前節で説明した有限状態機械としての順序回路で実現できる．

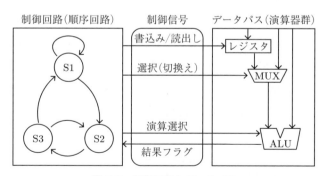

図 **7.2** 制御回路とデータパス

コンピュータでの処理と制御回路の関係を理解するために，表 1.3 に示した命令サイクルを例に状態遷移図を考える．ここでは，表の各ステップ（(1)～(7)）

を七つの状態（S1 から S7）に割り当てる。この例における状態遷移図を**図 7.3**に示す。

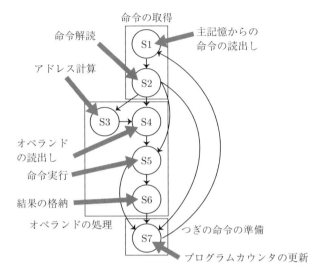

図 **7.3** 命令サイクルの状態遷移図

COMET II の命令セットの場合，すべての命令について，主記憶から命令を呼び出し，解読する。すなわち，すべての命令において状態 S1 から S2 に遷移する。そして，解読した命令によって，アドレス計算が必要な命令（ST など）の場合は状態 S3 に，アドレスの計算は必要ないが，オペランドの読出しが必要な命令（二つのレジスタを指定した ADDA など）の場合は状態 S4 に遷移する。また，アドレスの計算もオペランドも不要な命令（RET）は状態 S5 に遷移する。さらに，なにも処理をしない NOP 命令では，状態 S2 から状態 S7 に遷移する。このように，命令セットに対応した状態遷移図を用いて，制御回路を実現する。

例題 7.1 制御回路とデータパスに関して，正しい文章の番号を答えなさい。ただし，一つとは限らない。

(1) 制御回路は，順序回路で実現することができる。

(2) 制御回路とデータパスには，それぞれ別のコントローラがあり，それに従って動作する。

(3) ALUでどのような演算を行うかの指定は，演算対象のデータのMSB

コーヒーブレイク

クリティカルパスとリタイミング

現在のコンピュータは，同期式回路を用いるのが一般的で，同期式回路ではすべてのフリップフロップに同一のクロック信号が供給される。クロックサイクル時間（1クロックの周期）内に，フリップフロップから組合せ論理回路を経て，次段のフリップフロップにデータ（信号）が転送される必要がある。そのため，フリップフロップから次段のフリップフロップまでの経路の中で，転送に要する時間（遅延時間）が最も遅いものが回路の動作周波数を規定し，その経路のことをクリティカルパスと呼ぶ。

ここで，**図11**に示すFF–A〜FF–Cのような経路があったとする。上段の場合，FF–A〜FF–Bが，遅延時間が4 nsでクリティカルパスであり，最大動作周波数は，250 MHz（= 1/4 ns）となる。ここで，FF–Bを左側（前段）へ移動させる（クリティカルパスの一部を右側へ移動させる）ことで，FF–A〜FF–Bの遅延時間を短くできる可能性がある。この例の場合，FF–A〜FF–Bが3 nsで，動作周波数は，333 MHz（= 1/3 ns）となる。このように，レジスタを移動させることで，周波数を上げる手法をリタイミングと呼ぶ。

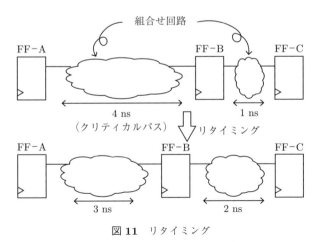

図11 リタイミング

によって決まる。

(4) データパスは，MUX, ALU, レジスタなどの演算器群で構成される。

【解答】
(1) 正しい。
(2) 間違い。データパスの動作を制御するのが制御回路である。
(3) 間違い。ALU でどのような演算を行うかの指定は，制御回路からの信号によって決まる。
(4) 正しい。

したがって，答えは，(1) と (4)。

7.3 高度な制御

一つの命令を複数のクロックサイクルで実行する方式をマルチサイクル方式と呼ぶ。このマルチサイクル方式をベースとした高速化手法にパイプライン処理がある。ここでは，パイプライン処理の説明を簡単にするために，すべての命令は1ワードで，一つの命令を五つのステージ（IF, ID, EX, MEM, WB）で実行する命令セットを用いる。IF（instruction fetch）は命令取得，ID（instruction decode）は命令解読，EX（execution）は実行，MEM（memory access）はメモリアクセス，WB（write back）は書込みを表す。

すべてのステージは1クロックサイクルで実行するものとする。それぞれのステージで実際の処理にかかる時間は異なるかもしれないが，最も遅いステージにあわせてクロックサイクルの時間を定める。すべての命令はこれら5ステージからなるので，一つの命令の実行には必ず5クロックサイクルかかる。前節の方法で状態遷移機械を設計すると**図 7.4** の例のように5クロックごとに命令が一つ実行されることになる。

この五つのステージでのパイプライン処理を**図 7.5** に示す。図に示すように，パイプライン処理は，複数の命令をずらして同時並列的に実行する。パイプライン処理では，一つの命令に要する時間（レイテンシ）を短縮するのではなく，

7.3 高度な制御

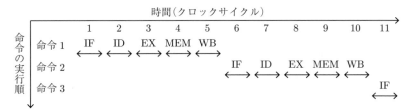

図 **7.4** 一つの命令を 5 ステージで実行

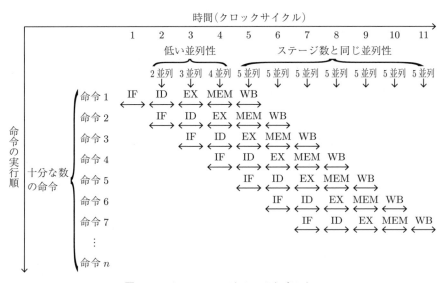

図 **7.5** 五つのステージでのパイプライン

スループットを向上させる。そのため，十分な数の命令がある場合，パイプライン処理による速度向上比はステージ数と等しくなる。反対に命令の数が少ない場合には，パイプライン処理の最初と最後で，パイプラインで働いていない部分があるため，速度はそこまで向上しない。

例題 7.2 パイプライン処理に関して，正しい文章の番号を答えなさい。

(1) n 個のステージで構成したパイプライン処理では，必ず n 倍性能を向上（処理時間を $1/n$ に短縮）することができる。

(2) すべてのステージの処理時間が同じでなければ，パイプライン処理

することができない。

(3) パイプライン処理による性能向上を実現するためには，十分な数の命令が必要である。
(4) パイプライン処理によって，レイテンシを改善することができる。

【解答】
(1) 間違い。理想的な状態で n 倍になる。そのため，現実的には数が多ければ n 倍に近づく。
(2) 間違い。すべてのステージの処理時間が同じほうが，性能が向上しやすいのであって，同じでなければパイプライン化できないわけではない。
(3) 正しい。
(4) 間違い。パイプライン処理で改善するのは，スループット。

したがって，答えは，(3)。 ◇

パイプライン処理は，図 7.5 に示したように，ある命令を実行しているつぎのクロックサイクルで，つぎの命令を実行する。しかし，これを実行できない場合がある。これをハザードと呼び，構造ハザード，データハザード，制御ハザードの三つがある。

まず，構造ハザードは，並列に実行されている命令に，演算器，レジスタ，メモリなどのハードウェアのリソースが不足している場合に起きる。図 7.6 に構造ハザードの例を示す。図の例では，メモリへのデータの書込み（または読出し）するためのメモリへのアクセス（MEM）と，命令をフェッチするためのメモリへのアクセス（IF）で競合が起きている。

つぎに，データハザードは，先行命令の演算結果を後続の命令が利用する場

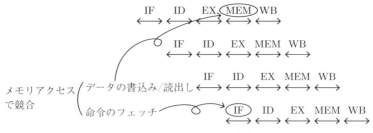

図 7.6　メモリへのアクセスでの構造ハザード

合などに起きる．例えば，図 7.7 に示すように，加算命令の演算結果を，つぎに続く減算命令が利用する場合などに起きる．この場合，加算結果がレジスタに書き込まれる前に，つぎの命令（減算命令）でその演算結果をレジスタから読み出すことになり，正しく動作しない．最後に制御ハザードは，条件分岐命令などで，まだ実行中の先行命令の結果に基づいて分岐の判断をする場合に起きる．

図 7.7 データハザード

これらのハザードの簡単な解決法として，後続命令を待たせてパイプラインの動作を止める方法がある．これを，パイプラインをストール（stall）させる

コーヒーブレイク

パイプラインのステージ構成について

本節では，命令実行の制御のパイプライン化について典型的な IF, ID, EX, MEM, WB の五つのステージによる構成（一般的な 5 段パイプライン構成）を用いて説明している．このステージの構成はどのような検討に基づいて定められるのだろうか．

パイプラインでは命令実行の一連の制御を行う回路が各ステージに分割される．このとき，クロックサイクルは各ステージの処理にかかる時間の最大値以上になる．できるだけ多数のステージに細かくかつ均等に分割することでクロックサイクルの時間が短く（速く）なり，命令実行のスループットが向上する．

しかし，分割にあたってステージの境界にレジスタが必要になり，それに応じて回路規模と遅延時間が増える．また，切りよく均等に分割できるとは限らず，不均等なステージの中で最も遅いものに合わせなければならない．さらに，パイプラインのステージ数（段数）が大きくなれば，ハザードが発生する可能性が高まり，発生した場合の対処もより難しくなる．パイプラインのステージ構成はこれら要因を総合的に考慮して，バランスをとって決定する．

という。例えば，データハザードの場合，NOP 命令（なにもしない命令）を挿入して時間稼ぎをすることで，先行命令の演算結果を受け取ることができるようになる。このような NOP 命令を受け取ってなにもしないステージは，水の流れの中の泡に似ていることからバブル（bubble）とも呼ばれる。NOP 命令を挿入してパイプラインをストールさせるこの方法は，ハードウェアの変更が

コーヒーブレイク

投機実行

代表的な高速化手法として，パイプライン処理のほかに，投機実行（speculative execution）がある。投機実行とは，あとで必要になるかもしれない命令をあらかじめ実行することで，処理時間を短縮する高速化技術である。一般的には逐次実行が基本であるため，分岐命令では，条件判定（分岐するかしないか）が終了するまで，つぎの命令は実行しない投機実行では，条件判定が確定する前に，分岐予測に基づいてどちらかの分岐先の命令を実行する。分岐予測が当たれば，処理時間の短縮につながるが，外れた場合，オーバヘッドが大きくなる。

分岐予測の一つの方法として，分岐先の処理が多いほうの処理を投機実行する場合もある。例えば，**図 12** の場合，条件が真の場合（if 節）の実行文が二つで，偽の場合（else 節）の実行文が四つである。ここで，条件判定は 2 ステップ，各実行文は 1 ステップで，条件判定と各実行文は並列処理ができるとする。この場合，else 節の実行文と条件判定を並列動作させると，条件判定の間に，二つの実行文が実行できる。このような投機実行を行うことで，条件が真の場合は，投機実行で得た else 節の実行結果を捨て，if 節の実行文を実行する。逆に，条件が偽の場合は，引き続き else 節の実行文を実行する。これにより，条件の真偽に関わらず，4 ステップ（条件判定の 2 ステップを含む）で実行することができる。

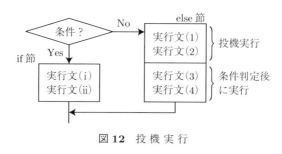

図 12　投機実行

必要ない利点があるが，性能が低下する。そのため，フォワーディングなどのストールをさせないハザードの解決方法がいくつかあるが，詳細についてはほかの専門書を参照されたい。

例題 7.3 パイプラインハザードに関して，正しい文章の番号を答えなさい。
 (1) パイプラインハザードは，処理時間には決して影響を及ぼさない。
 (2) データハザードは，先行命令の結果を後続の命令が使用する場合に起きる。
 (3) パイプラインハザードを解消するためには，ハードウェアを変更する必要がある。
 (4) 構造ハザードは，演算器が競合する場合だけである。

【解答】
 (1) 間違い。パイプラインハザードに対してNOP命令を用いると，処理が中断するため，処理時間に影響を及ぼす。
 (2) 正しい。
 (3) 間違い。NOP命令を挿入して，パイプラインをストールさせれば，ハードウェアの変更は必要ない。
 (4) 間違い。演算器だけでなく，メモリやレジスタで競合する場合がある。
 したがって，答えは，(2)。　　　　　　　　　　　　　　　　　◇

7.4　割込みと例外

7.4.1　割　込　み

外部との入出力は，プロセッサが主導し読み書きを行う。ここで，例としてキーボードからの入力を考える。キー入力を待つ場合，キーの入力信号を読み出しては状態を確認する動作を，押されるまで延々と繰り返すことになる。このように周辺機器の動作を待つ方法をビジーウエイト（busy wait）と呼ぶ。プロセッサの仕事が一つであればこれでよいが，そうでなければ不都合が起きる。

例えば，音楽を流しながら，情報検索しながら文書を作成するなどの場合，プロセッサはこれらのプログラムを並行に実行している。キーボードの入力のために音楽再生が停止しては困る。交代で定期的に周辺機器の状況を確認する方法（ポーリング，polling）もあるが，音楽再生のために検索結果を受け取り損ねては困る。周辺機器（この場合，キーボードやネットワーク）の主導でプロセッサに応答させる仕組みが必要である。そのために，割込みという機構が用意されている。

割込みは，外部からプロセッサの特定のプログラムを起動するための機構である。その名のとおり，実行中のプログラムに割り込んで起動する。割込みに対応するプログラムを実行後，通常，元のプログラムに復帰する。元のプログラムは割り込まれること，割り込まれたことを意識することなく実行される。

割込みの実現のために，プロセッサは割込み信号の入力端子，割込みフラグ（1ビットのフリップフロップ），退避レジスタ，そして割込みのための命令を持つ。**図 7.8** に周辺機器（キーボード）からの信号で割込みフラグが立つ例を示す。

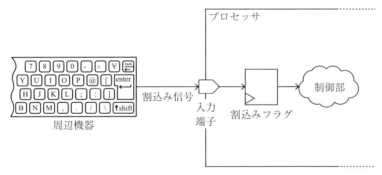

図 7.8　周辺機器からの信号で割込みフラグが立つ例

図 7.9 に割込み発生から復帰までの流れを示す。外部モジュールからプロセッサに割込み信号を入力すると，プロセッサ内の割込みフラグがセットされる（1にする）（図中①）。すると，プロセッサは現在実行中のプログラムを中断する（②）。後で復帰するため，プログラムレジスタ（つぎに実行する命令のアドレスを保持）などの状態を退避レジスタに保存する（③）。その後，あらかじめ登

7.4 割込みと例外

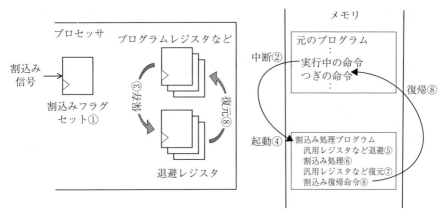

図 7.9 割込み発生から復帰までの流れ

録されている割込み処理プログラムを起動する（④）。

割込み処理プログラムは interrupt service routine (ISR) や interrupt handler などと呼ばれる。ここではキー入力の受け取り，ネットワークから到着したパケットの受け取り，つぎの音データの送り出し，など割込みの要因に応じた処理が行われる。しかし，割込み処理プログラム内で汎用レジスタを使うと割り込まれた元のプログラムの値が上書きされて消えてしまう。そのため，割込み処理プログラムでは，まず準備として汎用レジスタなどの値を主記憶に退避しておく（⑤）。そして，割込みのための必要な処理を行う（⑥）。終了後，汎用レジスタなどの値を復元する（⑦）。最後に，専用の割込み復帰命令により，退避レジスタからプログラムレジスタなどを復元し元のプログラムに復帰（リターン）する（⑧）。

割込みは，割込み処理ルーチンが呼び出され，処理後にリターンする点でサブルーチン呼出しに似ている。しかし，サブルーチン呼出しは元のプログラム内で明示的に呼び出されるのに対し，割込みは元のプログラムの動作とは無関係に呼び出される点で異なる。

例題 7.4 割込みに関して，正しい文章の番号を答えなさい。

(1) 割込みが発生すると実行中のプログラムが完了してから割込み処理ルーチンを呼び出す。

(2) 割込み発生時に割込み処理ルーチンのアドレスを指定する。

(3) 割込み処理ルーチンでは汎用レジスタなどの値を退避・復元する。

(4) 割込み処理プログラムの最後ではサブルーチン呼出しと同じリターン命令で元のプログラムに戻る。

【解答】
(1) 間違い。実行中のプログラムを中断して割込み処理ルーチンを呼び出す。
(2) 間違い。割込み処理ルーチンのアドレスはあらかじめ登録しておく。
(3) 正しい。元のプログラムに戻っても正常に動作させるため，退避・復元する。
(4) 間違い。割込みから復帰する専用の命令を使う。
したがって，答えは，(3)。   ◇

割込みの処理中にさらに割込みが発生する可能性がある。一般に割込み処理中にはさらなる割込みを禁止する。割込みの許可/禁止を制御するために割込みマスクが用いられる。割込みマスクはフラグ（1ビットのフリップフロップ）であり，セットする（1にする）と割込み禁止，クリア（リセット，0にする）すると割込み許可となる。割込みが発生して割込み処理プログラムを起動する際，割込みマスクがセットされる。割込み復帰命令で復帰と同時に割込みマスクがクリアされる。図7.10に割込みマスクの例を示す。

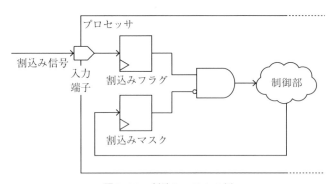

図 7.10　割込みマスクの例

ユーザがプログラム中で割込みの許可/禁止を制御するために，割込みマスクと併せて割込みイネーブル（enable）と呼ばれるフラグも提供される。割込み

イネーブルはセットすると割込み許可，クリア（リセット）すると割込み禁止となり，割込みマスクとイネーブルがともに許可のときのみ割込みが受け付けられる。割込みマスクが割込み発生/復帰で自動的にセット/クリアされるのに対し，割込みイネーブルはユーザがプログラム中でセット/クリアする。

　割込みを必要とする仕事は複数あり，複数の種類の割込みを扱う必要がある。割込みの種類ごとに番号をつけて管理し，それぞれの処理プログラムの開始アドレスをあらかじめ表に登録しておく。この表はメモリの決められた場所に置かれており，これを書き換えることで割込み処理ルーチンのアドレスを変更できる。この割込みの番号や表を割込みベクタと呼ぶ。

　ここでは，基本原理の理解のため単純な単一割込みを扱ったが，実際のプロセッサは優先順位を持つ複数系統の多重割込みの機構を持つ。詳細はプロセッサごとに異なるので技術資料を参照されたい。なお，COMET IIの仕様には割込み機能は規定されていない。

コーヒーブレイク

割込み復帰命令と多重割込み

　もしも，割込みマスクのクリアと復帰を別の命令で実行すると，マスクをクリアした直後，復帰の直前でつぎの割込みがかかる可能性がある。すると，復帰先のアドレスが上書きされて，元のプログラムに戻れなくなってしまう。この二つの動作は不可分に実行されなければならず，専用の命令が必要になる。なお，割込み処理中につぎの割込みが発生すると，マスクされて保留される。割込み復帰命令でマスクが解除されたあとに割込みがかかる。実際のシステムでは，割込みを複数系統持ち，それぞれ緊急度が異なる。緊急度の低い割込みの処理中に緊急度の高い割込みが発生したら，さらに割込みがかかる（多重割込み）。そのため，プログラムカウンタやフラグをレジスタではなくスタックに退避する。また，割込みの優先順位を管理するため，各割込みに優先度を設定する。割込み処理プログラムはその割込みの優先度で実行され，割込みからの復帰命令で元の優先度に戻す。割込みの処理中にそれよりも優先度の高い割込みが発生したら割込み処理プログラムを起動し，それ以外では保留される。割込みから復帰して優先度が下がると，保留中でより優先度の高い割込みが実行される。

例題 7.5 割込みマスク，割込みベクタに関して，正しい文章の番号を答えなさい。

(1) 割込み処理ルーチンのアドレスは変更できない。
(2) 割込み処理ルーチンでは最初に割込みマスクをセットするようにプログラムする。
(3) 割込み処理ルーチンでは最後に割込みマスクをクリアするようにプログラムする。
(4) プログラム内で割込みの許可/禁止を制御できる。

【解答】
(1) 間違い。割込みベクタの表を書き換えることで変更できる。
(2) 間違い。割込み処理ルーチンを呼び出す際に割込みマスクが自動的にセットされる。
(3) 間違い。割込み復帰命令により自動的にクリアされる。
(4) 正しい。割込みイネーブルをセット/クリアすることで制御できる。
したがって，答えは，(4)。　　　　　　　　　　　　　　　　　　◇

コーヒーブレイク

ソフトウェア割込み

オペレーティングシステム（operating system）を搭載するプロセッサでは，プログラムに実行モードと呼ばれる権限のレベルを与えて実行する。ユーザモード（user mode）は，実行できる命令やアクセスできるアドレス空間などに制限があるモードで，一般のプログラムはこのモードで実行される。一方，スーパーバイザモード（supervisor mode）は完全な権限を持ったモードで，オペレーティングシステムはこのモードで実行される。一般のプログラムがユーザモードで実行されているとき，割込みや例外が発生するとスーパーバイザモードに移行する。

ソフトウェアプログラムで例外（割込み）を発生させる命令を設け，一般のプログラムからオペレーティングシステムのプログラムを呼び出す際にこの機構を利用する。このような機構・命令をソフトウェア割込みと呼ぶ。COMET II では，SVC マクロがこれに相当する。

7.4.2 例　外

割込み以外にも実行中のプログラムを中断して，特別な処理をしなければならない場合がある。例えば，命令として未定義な値の語を実行しようとした場合，メモリの割当てがないアドレスや禁止されたアドレスにアクセスした場合，ゼロで除算をしようとした場合，などである。このような場合，プログラムは中断され，その状況に対処するためあらかじめ登録されたルーチンが起動される。このような仕組みを例外（exception）と呼ぶ。例外の処理・機構・設定方法は割込みとほぼ同じであるが，発生させる要因がプロセッサ外部からのもの（割込み）かプロセッサ自身にある（例外）かという点で異なる。

例外や割込みの要因によっては，元のプログラムに直接復帰はしない場合もある。例えば，アクセスが禁止されたアドレスにジャンプして例外が発生した場合など，元のプログラムに戻ることはできない。この場合は，元のプログラムを強制終了させるなどの措置が取られる。

例題 7.6　例外に関して，間違っている文章の番号を答えなさい。
(1) 例外は周辺機器からの信号で発生する。
(2) 命令語として未定義な値を実行すると例外が発生する。
(3) 例外が発生するとあらかじめ登録された処理ルーチンを呼び出す。
(4) 例外処理ルーチンから元のプログラムに戻らない場合がある。

【解答】
(1) 間違い。周辺機器からの信号で発生するのは割込み。例外はプロセッサ内の要因で発生する。
(2) 正しい。未定義命令の実行は例外が発生する典型的な要因である。
(3) 正しい。割込みと同じ機構・処理になる。
(4) 正しい。禁止アドレスへのジャンプなど元のプログラムに戻れない場合がある。

　　したがって，答えは，(1)。　　　　　　　　　　　　　　　　　◇

章 末 問 題

【1】 150円の飲み物を販売する自動販売機の状態遷移図を書きなさい。ただし、使用できる硬貨は、50円と100円の2種類として、返却ボタンが押された場合には、全額返却するものとする。

【2】 図7.6でのメモリアクセスにおける競合を解消するために、どのような方法があるか調べなさい。

【3】 図7.7で、NOP命令を使って、パイプラインをストールさせた場合、加算命令と減算命令の二つの命令の実行にかかるクロック数を求めなさい。

【4】 制御ハザードについて、図7.7の例にならって例を挙げて、簡潔に説明しなさい。

【5】 市販のマイコンの割込みの機構について調査しなさい。

【6】 割込みハンドラを用いたプログラムの例を調査しなさい。

付　　　録

── COMET II と CASL II の仕様 ──

「情報処理技術者試験」で使用する情報技術に関する用語・プログラム言語など，Ver3.0，pp.3～10 を転載

(https://www.jitec.ipa.go.jp/1_13download/shiken_yougo_ver3_0.pdf
(2016 年 12 月現在))

|別紙1| アセンブラ言語の仕様

1. システム COMET II の仕様
1.1 ハードウェアの仕様
(1) 1語は16ビットで，そのビット構成は，次のとおりである。

上位8ビット	下位8ビット	
15 14 13 12 11 10 9 8	7 6 5 4 3 2 1 0	(ビット番号)

↑ 符号(負:1, 非負:0)

(2) 主記憶の容量は65536語で，そのアドレスは0〜65535番地である。
(3) 数値は，16ビットの2進数で表現する。負数は，2の補数で表現する。
(4) 制御方式は逐次制御で，命令語は1語長又は2語長である。
(5) レジスタとして，GR (16ビット), SP (16ビット), PR (16ビット), FR (3ビット) の4種類がある。

GR (汎用レジスタ，General Register) は，GR0〜GR7の8個があり，算術，論理，比較，シフトなどの演算に用いる。このうち，GR1〜GR7のレジスタは，指標レジスタ (index register) としてアドレスの修飾にも用いる。

SP (スタックポインタ，Stack Pointer) は，スタックの最上段のアドレスを保持している。

PR (プログラムレジスタ，Program Register) は，次に実行すべき命令語の先頭アドレスを保持している。

FR (フラグレジスタ，Flag Register) は，OF (Overflow Flag), SF (Sign Flag), ZF (Zero Flag) と呼ぶ3個のビットからなり，演算命令などの実行によって次の値が設定される。これらの値は，条件付き分岐命令で参照される。

OF	算術演算命令の場合は，演算結果が−32768〜32767に収まらなくなったとき1になり，それ以外のとき0になる。論理演算命令の場合は，演算結果が0〜65535に収まらなくなったとき1になり，それ以外のとき0になる。
SF	演算結果の符号が負(ビット番号15が1)のとき1，それ以外のとき0になる。
ZF	演算結果が零(全部のビットが0)のとき1，それ以外のとき0になる。

(6) 論理加算又は論理減算は，被演算データを符号のない数値とみなして，加算又は減算する。

1.2 命令

命令の形式及びその機能を示す。ここで，一つの命令コードに対し2種類のオペランドがある場合，上段はレジスタ間の命令，下段はレジスタと主記憶間の命令を表す。

命令	書き方		命令の説明	FRの設定
	命令コード	オペランド		

(1) ロード，ストア，ロードアドレス命令

命令	命令コード	オペランド	命令の説明	FRの設定
ロード LoaD	LD	r1, r2	r1 ← (r2)	○*1
		r, adr [, x]	r ← (実効アドレス)	
ストア STore	ST	r, adr [, x]	実効アドレス ← (r)	—
ロードアドレス Load ADdress	LAD	r, adr [, x]	r ← 実効アドレス	—

付　　　　　録　177

(2) 算術，論理演算命令

命令	略号	オペランド	動作	
算術加算 ADD Arithmetic	ADDA	r1,r2 r,adr [,x]	r1 ← (r1) + (r2) r ← (r) + (実効アドレス)	
論理加算 ADD Logical	ADDL	r1,r2 r,adr [,x]	r1 ← (r1) +$_L$ (r2) r ← (r) +$_L$ (実効アドレス)	○
算術減算 SUBtract Arithmetic	SUBA	r1,r2 r,adr [,x]	r1 ← (r1) − (r2) r ← (r) − (実効アドレス)	
論理減算 SUBtract Logical	SUBL	r1,r2 r,adr [,x]	r1 ← (r1) −$_L$ (r2) r ← (r) −$_L$ (実効アドレス)	
論理積 AND	AND	r1,r2 r,adr [,x]	r1 ← (r1) AND (r2) r ← (r) AND (実効アドレス)	
論理和 OR	OR	r1,r2 r,adr [,x]	r1 ← (r1) OR (r2) r ← (r) OR (実効アドレス)	○*1
排他的論理和 eXclusive OR	XOR	r1,r2 r,adr [,x]	r1 ← (r1) XOR (r2) r ← (r) XOR (実効アドレス)	

(3) 比較演算命令

算術比較 ComPare Arithmetic CPA, 論理比較 ComPare Logical CPL : オペランド r1,r2 または r,adr [,x]

(r1) と (r2)，又は (r) と (実効アドレス) の算術比較又は論理比較を行い，比較結果によって，FR に次の値を設定する。

比較結果	FR の値	
	SF	ZF
(r1) > (r2) (r) > (実効アドレス)	0	0
(r1) = (r2) (r) = (実効アドレス)	0	1
(r1) < (r2) (r) < (実効アドレス)	1	0

○*1

(4) シフト演算命令

命令	略号	オペランド	動作	
算術左シフト Shift Left Arithmetic	SLA	r,adr [,x]	符号を除き (r) を実効アドレスで指定したビット数だけ左又は右にシフトする。シフトの結果，空いたビット位置には，左シフトのときは 0，右シフトのときは符号と同じものが入る。	○*2
算術右シフト Shift Right Arithmetic	SRA	r,adr [,x]		
論理左シフト Shift Left Logical	SLL	r,adr [,x]	符号を含み (r) を実効アドレスで指定したビット数だけ左又は右にシフトする。シフトの結果，空いたビット位置には 0 が入る。	
論理右シフト Shift Right Logical	SRL	r,adr [,x]		

(5) 分岐命令

命令	略号	オペランド	動作	
正分岐 Jump on PLus	JPL	adr [,x]	FR の値によって，実効アドレスに分岐する。分岐しないときは，次の命令に進む。	—
負分岐 Jump on MInus	JMI	adr [,x]		
非零分岐 Jump on Non Zero	JNZ	adr [,x]		
零分岐 Jump on ZEro	JZE	adr [,x]		
オーバフロー分岐 Jump on OVerflow	JOV	adr [,x]		
無条件分岐 unconditional JUMP	JUMP	adr [,x]	無条件に実効アドレスに分岐する。	

命令	分岐するときの FR の値		
	OF	SF	ZF
JPL		0	0
JMI		1	
JNZ			0
JZE			1
JOV	1		

(6) スタック操作命令

プッシュ PUSH	PUSH adr [,x]	SP ← (SP) −_L 1, (SP) ← 実効アドレス	—
ポップ POP	POP r	r ← ((SP)), SP ← (SP) +_L 1	—

(7) コール，リターン命令

コール CALL subroutine	CALL adr [,x]	SP ← (SP) −_L 1, (SP) ← (PR), PR ← 実効アドレス	—
リターン RETurn from subroutine	RET	PR ← ((SP)), SP ← (SP) +_L 1	—

(8) その他

スーパバイザコール SuperVisor Call	SVC adr [,x]	実効アドレスを引数として割出しを行う。実行後のGRとFRは不定となる。	
ノーオペレーション No OPeration	NOP	何もしない。	

注記　r, r1, r2　　いずれもGRを示す。指定できるGRはGR0〜GR7
　　　adr　　　　　アドレスを示す。指定できる値の範囲は0〜65535
　　　x　　　　　　指標レジスタとして用いるGRを示す。指定できるGRはGR1〜GR7
　　　[　]　　　　　[　]内の指定は省略できることを示す。
　　　(　)　　　　　(　)内のレジスタ又はアドレスに格納されている内容を示す。
　　　実効アドレス　adrとxの内容との論理加算値又はその値が示す番地
　　　←　　　　　　演算結果を，左辺のレジスタ又はアドレスに格納することを示す。
　　　$+_L$, $-_L$　　論理加算，論理減算を示す。
　　　FRの設定　　　○　：設定されることを示す。
　　　　　　　　　　○*1：設定されることを示す。ただし，OFには0が設定される。
　　　　　　　　　　○*2：設定されることを示す。ただし，OFにはレジスタから最後に送り出されたビットの値が設定される。
　　　　　　　　　　－　：実行前の値が保持されることを示す。

1.3 文字の符号表

(1) JIS X 0201 ラテン文字・片仮名用8ビット符号で規定する文字の符号表を使用する。
(2) 右に符号表の一部を示す。1文字は8ビットからなり，上位4ビットを列で，下位4ビットを行で示す。例えば，間隔，4，H，￥のビット構成は，16進表示で，それぞれ20, 34, 48, 5C である。16進表示で，ビット構成が21〜7E（及び表では省略している A1〜DF）に対応する文字を図形文字という。図形文字は，表示（印刷）装置で，文字として表示（印字）できる。
(3) この表にない文字とそのビット構成が必要な場合は，問題中で与える。

行＼列	02	03	04	05	06	07
0	間隔	0	@	P	`	p
1	!	1	A	Q	a	q
2	"	2	B	R	b	r
3	#	3	C	S	c	s
4	$	4	D	T	d	t
5	%	5	E	U	e	u
6	&	6	F	V	f	v
7	'	7	G	W	g	w
8	(	8	H	X	h	x
9	)	9	I	Y	i	y
10	*	:	J	Z	j	z
11	+	;	K	[	k	{
12	,	<	L	￥	l		
13	-	=	M	]	m	}
14	.	>	N	^	n	~
15	/	?	O	_	o	

2. アセンブラ言語 CASL II の仕様
2.1 言語の仕様
(1) CASL II は，COMET II のためのアセンブラ言語である。
(2) プログラムは，命令行及び注釈行からなる。
(3) 1命令は1命令行で記述し，次の行へ継続できない。
(4) 命令行及び注釈行は，次に示す記述の形式で，行の1文字目から記述する。

行 の 種 類		記 述 の 形 式
命令行	オペランドあり	[ラベル]{空白}{命令コード}{空白}{オペランド}[{空白}[コメント]]
	オペランドなし	[ラベル]{空白}{命令コード}[{空白}[{;}[コメント]]]
注釈行		[空白]{;}[コメント]

注記 [ ]　　[ ]内の指定が省略できることを示す。
　　　{ }　　{ }内の指定が必須であることを示す。
　　　ラベル　　その命令の（先頭の語の）アドレスを他の命令やプログラムから参照するための名前である。長さは1～8文字で，先頭の文字は英大文字でなければならない。以降の文字は，英大文字又は数字のいずれでもよい。なお，予約語である GR0～GR7 は，使用できない。
　　　空白　　1文字以上の間隔文字の列である。
　　　命令コード　命令ごとに記述の形式が定義されている。
　　　オペランド　命令ごとに記述の形式が定義されている。
　　　コメント　覚え書きなどの任意の情報であり，処理系で許す任意の文字を書くことができる。

2.2 命令の種類
命令は，4種類のアセンブラ命令（START，END，DS，DC），4種類のマクロ命令（IN，OUT，RPUSH，RPOP）及び機械語命令（COMET II の命令）からなる。その仕様を次に示す。

命令の種類	ラベル	命令コード	オペランド	機　　能
アセンブラ命令	ラベル	START	[実行開始番地]	プログラムの先頭を定義 プログラムの実行開始番地を定義 他のプログラムで参照する入口名を定義
		END		プログラムの終わりを明示
	[ラベル]	DS	語数	領域を確保
	[ラベル]	DC	定数 [,定数] …	定数を定義
マクロ命令	[ラベル]	IN	入力領域,入力文字長領域	入力装置から文字データを入力
	[ラベル]	OUT	出力領域,出力文字長領域	出力装置へ文字データを出力
	[ラベル]	RPUSH		GR の内容をスタックに格納
	[ラベル]	RPOP		スタックの内容を GR に格納
機械語命令	[ラベル]			（「1.2 命令」を参照）

2.3 アセンブラ命令
アセンブラ命令は，アセンブラの制御などを行う。

(1) | START | [実行開始番地] |

START 命令は，プログラムの先頭を定義する。
　実行開始番地は，そのプログラム内で定義されたラベルで指定する。指定がある場合はその番地から，省略した場合は START 命令の次の命令から，実行を開始する。
　また，この命令につけられたラベルは，他のプログラムから入口名として参照できる。

(2)　| END |

　　END 命令は，プログラムの終わりを定義する。

(3)　| DS | 語数 |

　　DS 命令は，指定した語数の領域を確保する。
　　語数は，10 進数（≧0）で指定する。語数を 0 とした場合，領域は確保しないが，ラベルは有効である。

(4)　| DC | 定数 [,定数] … |

　　DC 命令は，定数で指定したデータを（連続する）語に格納する。
　　定数には，10 進定数，16 進定数，文字定数，アドレス定数の 4 種類がある。

定数の種類	書き方	命令の説明
10 進定数	n	n で指定した 10 進数値を，1 語の 2 進数データとして格納する。ただし，n が－32768～32767 の範囲にないときは，その下位 16 ビットを格納する。
16 進定数	#h	h は 4 けたの 16 進数（16 進数字は 0～9，A～F）とする。h で指定した 16 進数値を 1 語の 2 進数データとして格納する（0000 ≦ h ≦ FFFF）。
文字定数	'文字列'	文字列の文字数（＞0）分の連続する領域を確保し，最初の文字は第 1 語の下位 8 ビットに，2 番目の文字は第 2 語の下位 8 ビットに，…と順次文字データとして格納する。各語の上位 8 ビットには 0 のビットが入る。文字列には，間隔及び任意の図形文字を書くことができる。ただし，アポストロフィ（'）は 2 個続けて書く。
アドレス定数	ラベル	ラベルに対応するアドレスを 1 語の 2 進数データとして格納する。

2.4　マクロ命令

　　マクロ命令は，あらかじめ定義された命令群とオペランドの情報によって，目的の機能を果たす命令群を生成する（語数は不定）。

(1)　| IN | 入力領域,入力文字長領域 |

　　IN 命令は，あらかじめ割り当てた入力装置から，1 レコードの文字データを読み込む。
　　入力領域は，256 語長の作業域のラベルであり，この領域の先頭から，1 文字を 1 語に対応させて順次入力される。レコードの区切り符号（キーボード入力の復帰符号など）は，格納しない。格納の形式は，DC 命令の文字定数と同じである。入力データが 256 文字に満たない場合，入力領域の残りの部分は実行前のデータを保持する。入力データが 256 文字を超える場合，以降の文字は無視される。
　　入力文字長領域は，1 語長の領域のラベルであり，入力された文字の長さ（≧0）が 2 進数で格納される。ファイルの終わり（end of file）を検出した場合は，－1 が格納される。
　　IN 命令を実行すると，GR の内容は保存されるが，FR の内容は不定となる。

(2)　| OUT | 出力領域,出力文字長領域 |

　　OUT 命令は，あらかじめ割り当てた出力装置に，文字データを，1 レコードとして書き出す。
　　出力領域は，出力しようとするデータが 1 文字 1 語で格納されている領域のラベルである。格納の形式は，DC 命令の文字定数と同じであるが，上位 8 ビットは，OS が無視するので 0 でなくてもよい。
　　出力文字長領域は，1 語長の領域のラベルであり，出力しようとする文字の長さ（≧0）を 2 進数で格納しておく。
　　OUT 命令を実行すると，GR の内容は保存されるが，FR の内容は不定となる。

(3) | RPUSH |

RPUSH命令は，GRの内容を，GR1，GR2，…，GR7の順序でスタックに格納する。

(4) | RPOP |

RPOP命令は，スタックの内容を順次取り出し，GR7，GR6，…，GR1の順序でGRに格納する。

2.5 機械語命令

機械語命令のオペランドは，次の形式で記述する。

r, r1, r2 　GRは，記号GR0～GR7で指定する。
x 　　　　　指標レジスタとして用いるGRは，記号GR1～GR7で指定する。
adr 　　　　アドレスは，10進定数，16進定数，アドレス定数又はリテラルで指定する。
　　　　　　リテラルは，一つの10進定数，16進定数又は文字定数の前に等号（=）を付けて記述する。CASL IIは，等号の後の定数をオペランドとするDC命令を生成し，そのアドレスをadrの値とする。

2.6 その他

(1) アセンブラによって生成される命令語や領域の相対位置は，アセンブラ言語での記述順序とする。ただし，リテラルから生成されるDC命令は，END命令の直前にまとめて配置される。
(2) 生成された命令語，領域は，主記憶上で連続した領域を占める。

3. プログラム実行の手引

3.1 OS

プログラムの実行に関して，次の取決めがある。
(1) アセンブラは，未定義ラベル（オペランド欄に記述されたラベルのうち，そのプログラム内で定義されていないラベル）を，他のプログラムの入口名（START命令のラベル）と解釈する。この場合，アセンブラはアドレスの決定を保留し，その決定をOSに任せる。OSは，実行に先立って他のプログラムの入口名との連係処理を行いアドレスを決定する（プログラムの連係）。
(2) プログラムは，OSによって起動される。プログラムがロードされる主記憶の領域は不定とするが，プログラム中のラベルに対応するアドレス値は，OSによって実アドレスに補正されるものとする。
(3) プログラムの起動時に，OSはプログラム用に十分な容量のスタック領域を確保し，その最後のアドレスに1を加算した値をSPに設定する。
(4) OSは，CALL命令でプログラムに制御を渡す。プログラムを終了しOSに制御を戻すときは，RET命令を使用する。
(5) IN命令に対応する入力装置，OUT命令に対応する出力装置の割当ては，プログラムの実行に先立って利用者が行う。
(6) OSは，入出力装置や媒体による入出力手続の違いを吸収し，システムでの標準の形式及び手続（異常処理を含む）で入出力を行う。したがって，IN，OUT命令では，入出力装置の違いを意識する必要はない。

3.2 未定義事項

プログラムの実行等に関し，この仕様で定義しない事項は，処理系によるものとする。

参考資料

参考資料は，COMET II の理解を助けるため又は COMET II の処理系作成者に対する便宜のための資料である。したがって，COMET II，CASL II の仕様に影響を与えるものではない。

1. 命令語の構成

命令語の構成は定義しないが，次のような構成を想定する。ここで，OP の数値は 16 進表示で示す。

```
15   11    7    3   0 15              0  ← ビット番号
   第1語                   第2語
```

OP 主OP	OP 副OP	r/r1	x/r2	adr	命令語長	機械語命令		意味
0	0	—	—	—	1	NOP		no operation
1	0				2	LD	r, adr, x	load
	1				2	ST	r, adr, x	store
	2				2	LAD	r, adr, x	load address
	4			—	1	LD	r1, r2	load
2	0				2	ADDA	r, adr, x	add arithmetic
	1				2	SUBA	r, adr, x	subtract arithmetic
	2				2	ADDL	r, adr, x	add logical
	3				2	SUBL	r, adr, x	subtract logical
	4			—	1	ADDA	r1, r2	add arithmetic
	5			—	1	SUBA	r1, r2	subtract arithmetic
	6			—	1	ADDL	r1, r2	add logical
	7			—	1	SUBL	r1, r2	subtract logical
3	0				2	AND	r, adr, x	and
	1				2	OR	r, adr, x	or
	2				2	XOR	r, adr, x	exclusive or
	4			—	1	AND	r1, r2	and
	5			—	1	OR	r1, r2	or
	6			—	1	XOR	r1, r2	exclusive or
4	0				2	CPA	r, adr, x	compare arithmetic
	1				2	CPL	r, adr, x	compare logical
	4			—	1	CPA	r1, r2	compare arithmetic
	5			—	1	CPL	r1, r2	compare logical
5	0				2	SLA	r, adr, x	shift left arithmetic
	1				2	SRA	r, adr, x	shift right arithmetic
	2				2	SLL	r, adr, x	shift left logical
	3				2	SRL	r, adr, x	shift right logical
6	1	—			2	JMI	adr, x	jump on minus
	2	—			2	JNZ	adr, x	jump on non zero
	3	—			2	JZE	adr, x	jump on zero
	4	—			2	JUMP	adr, x	unconditional jump
	5	—			2	JPL	adr, x	jump on plus
	6	—			2	JOV	adr, x	jump on overflow
7	0	—			2	PUSH	adr, x	push
	1		—	—	1	POP	r	pop
8	0	—			2	CALL	adr, x	call subroutine
	1	—	—	—	1	RET		return from subroutine
9〜E						その他の命令		
F	0	—			2	SVC	adr, x	supervisor call

付録　183

2. マクロ命令

マクロ命令が生成する命令群は定義しない（語数不定）が，次の例のような命令群を生成することを想定する。

〔例〕IN 命令

```
        LABEL    IN          IBUF,LEN
```

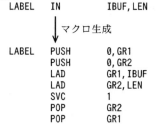
マクロ生成

```
        LABEL    PUSH        0,GR1
                 PUSH        0,GR2
                 LAD         GR1,IBUF
                 LAD         GR2,LEN
                 SVC         1
                 POP         GR2
                 POP         GR1
```

3. シフト演算命令におけるビットの動き

シフト演算命令において，例えば，1ビットのシフトをしたときの動き及び OF の変化は，次のとおりである。

(1) 算術左シフトでは，ビット番号14の値が設定される。

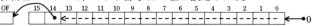

(2) 算術右シフトでは，ビット番号0の値が設定される。

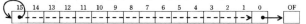

(3) 論理左シフトでは，ビット番号15の値が設定される。

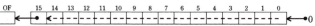

(4) 論理右シフトでは，ビット番号0の値が設定される。

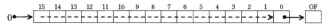

4. プログラムの例

```
        COUNT1   START                   ;
        ;        入力        GR1:検索する語
        ;        処理        GR1 中の'1'のビットの個数を求める
        ;        出力        GR0:GR1 中の'1'のビットの個数
                 PUSH        0,GR1       ;
                 PUSH        0,GR2       ;
                 SUBA        GR2,GR2     ; Count = 0
                 AND         GR1,GR1     ; 全部のビットが'0'?
                 JZE         RETURN      ; 全部のビットが'0'なら終了
        MORE     LAD         GR2,1,GR2   ; Count = Count + 1
                 LAD         GR0,-1,GR1  ; 最下位の'1'のビット1個を
                 AND         GR1,GR0     ;   '0'に変える
                 JNZ         MORE        ; '1'のビットが残っていれば繰返し
        RETURN   LD          GR0,GR2     ; GR0 = Count
                 POP         GR2         ;
                 POP         GR1         ;
                 RET                     ; 呼出しプログラムへ戻る
                 END                     ;
```

引用・参考文献

——コンピュータアーキテクチャに関連する文献——

1) 馬場敬信：コンピュータアーキテクチャ（改訂3版），オーム社 (2011)
2) 馬場敬信：コンピュータのしくみを理解するための10章，技術評論社 (2005)
3) 橋本洋志，松永俊雄，小林裕之，天野直紀：図解コンピュータ概論ハードウェア 改訂3版，オーム社 (2010)
4) 大薮多可志：コンピュータ・アーキテクチャ入門，東海大学出版会 (2000)
5) 中條拓伯，大島浩太：実践によるコンピュータアーキテクチャ—MIPSプロセッサで学ぶアーキテクチャの基礎，数理工学社 (2014)
6) 柴山潔：コンピュータアーキテクチャの基礎，近代科学社 (1993)
7) 野地保：わかりやすく図で学ぶコンピュータアーキテクチャ，共立出版 (2004)
8) 半谷精一郎，見山友裕，長谷川幹雄：コンピュータ概論，コロナ社 (2008)
9) David A.Patterson, John L.Hennessy/著，成田光彰/訳：コンピュータの構成と設計 第5版[上]，日経BP社 (2014)
10) David A.Patterson, John L.Hennessy/著，成田光彰/訳：コンピュータの構成と設計 第5版[下]，日経BP社 (2014)
11) 渋谷道雄/著，十凪高志/作画：マンガでわかるCPU，オーム社 (2014)
12) F.J.ヒル，G.R.ピーターソン/著，当麻喜弘，山崎克典，内藤祥雄，鰯谷昌司/訳：コンピュータの構成と設計I，サイエンス社 (1981)
13) F.J.ヒル，G.R.ピーターソン/著，当麻喜弘，山崎克典，内藤祥雄，鰯谷昌司/訳：コンピュータの構成と設計II，サイエンス社 (1981)
14) M.Morris Mano/著，奥川峻史，井上訓行/訳：コンピュータの論理設計，共立出版 (1983)
15) 富田眞治，中島浩：コンピュータハードウェア，昭晃堂 (1995)
16) 清水尚彦：コンピュータ設計の基礎知識，共立出版 (2003)
17) 内田啓一郎，小柳滋：コンピュータアーキテクチャ，オーム社 (2004)
18) 堀桂太郎：図解コンピュータアーキテクチャ入門 第2版，森北出版 (2011)
19) 富田眞治：コンピュータアーキテクチャ 第2版，丸善 (2002)
20) 坂井修一：コンピュータアーキテクチャ，コロナ社 (2004)

21) 小栗清/監, 天野英晴, 西村克信/著：作りながら学ぶコンピュータアーキテクチャ, 培風館 (2001)
22) John L.Hennessy, David A.Patterson/著, 富田眞治, 村上和彰, 新實治男/訳：コンピュータ・アーキテクチャ 新装版, 日経BP社 (1994)

――論理回路, 情報基礎, **LSI**, **OS** など周辺分野に関連する文献――
23) 伊藤誠：基本ハードウェア技術 第3版, 啓文堂 (1982)
24) 当麻喜弘：スイッチング回路理論, コロナ社 (1986)
25) 相磯秀夫/監, 天野英晴, 武藤佳恭/著：だれにもわかるディジタル回路 改訂3版, オーム社 (2005)
26) 天野英晴/著, 目黒広治/画：マンガでわかるディジタル回路, オーム社 (2013)
27) 秋田純一：ゼロから学ぶディジタル論理回路, 講談社 (2003)
28) 築山修治, 神戸尚志, 福井正博：ビジュアルに学ぶディジタル回路設計, コロナ社 (2010)
29) 高木直史：算術演算のVLSIアルゴリズム, コロナ社 (2005)
30) 並木美太郎：オペレーティングシステム入門, サイエンス社 (2012)
31) 谷口秀夫：オペレーティングシステム概説, サイエンス社 (2000)
32) 徳田雄洋：コンパイラの基礎, サイエンス社 (2006)

――アセンブラに関連する文献――
33) 東田幸樹, 広瀬啓雄, 山本芳人：アセンブラ言語CASL II–情報処理技術者試験, 工学図書株式会社 (2000)
34) 山本芳人：アセンブラ言語CASL II 演習問題–情報処理技術者試験, 工学図書 (2001)
35) 内田智史：アセンブラ入門CASL II 第3版, 電子開発学園出版社 (2012)
36) 遠藤敏夫：基礎から学ぶコンピュータアーキテクチャ, 森北出版 (2008)
37) 浅井宗海/編, 岸田徹夫, 尾川順子/著：プログラミング入門, CASL II–情報処理技術者テキスト, 実教出版 (2004)
38) 鑪山徹：CASL II とプログラミング入門, 大学教育出版 (2009)
39) 山崎一生：アセンブリ言語の基礎, 共立出版 (2004)
40) 沢田晃：図解CASL II によるプログラムの作り方 第2版, 共立出版 (2001)

――プロセッサに関連する文献――
41) 中森章：マイクロプロセッサ・アーキテクチャ入門 第4版, CQ出版 (2007)

42) 那須川徳博：8086 マイクロコンピュータ入門，日刊工業新聞社 (1993)
43) 那須川徳博：8086 のメモリと I/O，日刊工業新聞社 (1994)
44) 服部基保：TMS320C6000 活用ハンドブック，CQ 出版 (2007)
45) 渡波郁：CPU の創りかた，マイナビ (2003)
46) インターフェース編集部/編：お手軽 ARM コンピュータラズベリー・パイで I/O 第 2 版，CQ 出版 (2014)
47) 鈴木量三朗，片岡啓明：ARM Cortex-A9×2! Zynq でワンチップ Linux on FPGA，CQ 出版 (2014)
48) 小林一行，鈴木郁：これならわかる！PSoC マイコン活用術，オーム社 (2009)
49) 桑野雅彦，栗川洋平，宇田道信：PSoC マイコン・スタートアップ，CQ 出版 (2009)
50) Massimo Banzi/著，船田巧/訳：Arduino をはじめよう 第 2 版，オライリー・ジャパン (2012)
51) 高橋隆雄：たのしい電子工作 Arduino でガジェットを作ろう！，秀和システム (2013)
52) 鈴木哲哉：ボクの Arduino 工作ノート，ラトルズ (2013)
53) 後閑哲也：電子工作のための PIC16F 活用ガイドブック，技術評論社 (2004)
54) 後閑哲也：電子工作のための PIC18F 本格活用ガイド 改訂版，技術評論社 (2008)
55) 後閑哲也：電子制御・信号処理のための dsPIC 活用ガイドブック，技術評論社 (2006)

──情報技術者試験に関連する文献──
56) 日高哲郎：応用情報技術者テキスト&問題集 2015 年版，翔泳社 (2014)
57) 日高哲郎：基本情報技術者テキスト&問題集 2015 年版，翔泳社 (2014)
58) 大滝みや子，坂部和久：基本情報技術者標準教科書 2015 年版，オーム社 (2014)
59) 高田伸彦，南俊博，石川温，和田利枝：基本情報技術者，実教出版 (2007)
60) 中家裕之，江幡尚之：基本情報技術者試験完全マスター，エクスメディア (2007)

索引

【あ】

アセンブラ 3
アセンブラ言語 3
アセンブラ命令 130
アセンブリ言語 3
アドレス 6
アドレス空間 92
アドレスデコーダ 93
あふれフラグ 108
アンダフロー 44

【い】

インタリーブ 99
インデックス・アドレス
　指定 11

【う】

打切り誤差 50

【え】

演算ユニット 6

【お】

応答時間 16
オーバフロー 44
オペコード 3
オペランド 3

【か】

外延的記法 53
科学記数法 44
加減算器 107
加算器 102
仮数部 43

間接アドレス指定 11

【き】

記憶階層 14
機械語 2
疑似命令 130
基底アドレス 10
キャッシュ 97
キュー 129
共通部分集合 54

【く】

空集合 53
位取り記数法 22
クリティカルパス 161
グレイコード 39
クロスバスイッチ 86
クロック周期 16
クロック周波数 16

【け】

桁上げ順次伝搬加算器 104
桁上げ先見加算器 105
桁上げ逐次伝搬加算器 104
桁上げフラグ 108
桁落ち 50

【こ】

語 2
恒偽命題 59
恒真命題 59
構造ハザード 164
語長 2
固定小数点 42

【さ】

最小項 64
最大項 64
算術シフト 111

【し】

自己相対アドレス指定 12
指数部 43
実効アドレス 9
指標レジスタ 128
シフト 110
シフトレジスタ 113
シャノンの展開定理 64
集合 53
主加法標準形 65
主記憶 6
主乗法標準形 65
循環桁上り 34
乗算器 116
状態遷移図 157
状態遷移表 157
情報落ち 50
シリアル 113
シリアル−パラレル変換 113
真部分集合 54
真理値 57
真理値表 57

【す】

スタック 129
スタックポインタ 128
ステージ 162
ストリーム型
　インタフェース 96

【す】

ストール	165
スリーステートバッファ	84
スループット	18, 163

【せ】

制御ハザード	164
積集合	54
絶対アドレス	9
絶対値表現	30
セットアップタイム	80
セレクタ	81, 82
零フラグ	108
全加算器	103

【そ】

相対アドレス	10
即　値	10, 145
ソフトウェア割込み	172

【た】

多重割込み	171
多相同期回路	77
単精度	44

【ち】

中央処理装置	2
直積集合	54
直接アドレス指定	10

【て】

デコーダ	7
データハザード	164
データパス	159

【と】

投機実行	166
同期ロード信号	80
トークンリング	86
トートロジー	59
ド・モルガンの法則	60
トライステートバッファ	84

【な】

内包的記法	53

【に】

ニモニック	3

【の】

ノイマン型コンピュータ	1
ノイマン・ボトルネック	15

【は】

倍精度	44
バイト	24
パイプライン処理	162
バ　ス	15, 82, 83
バスアービタ	97
バスコントローラ	97
バブル	166
パラレル	113
パラレル–シリアル変換	113
バレルシフタ	114
汎用レジスタ	128

【ひ】

ビジーウエイト	167
ビット	24
非同期リセット信号	80

【ふ】

フィールド	148
符号フラグ	108
布線論理制御	7
プッシュ	129
浮動小数点	42
部分集合	54
フラグ	108
フラグ付きローテート	111
フラグレジスタ	128
フラッシュメモリ	89
フリップフロップ	73
プルアップ	86
ブール代数	63

【へ】

プルダウン	86
プログラムカウンタ	6
プログラムレジスタ	6, 128
平均故障間隔	19
平均修理時間	19
ベン図	56
ベンチマーク	20

【ほ】

補集合	53
補数表現	30
ポップ	129
ポーリング	168
ホールドタイム	80

【ま】

マイクロプログラム制御	7
マクロ命令	130
交わり	54
マシン語	2
マスク ROM	88
マスタスレーブ	78
マルチサイクル方式	162
マルチプレクサ	82
丸め誤差	50

【み】

ミーリ型	158

【む】

ムーア型	158
無限集合	53
矛　盾	59
結　び	54

【め】

命　題	56
命令形式	2
命令サイクル	6
命令セット	4
命令レジスタ	6

索引　189

メモリ型インタフェース	96	ライトバック	98	【ろ】	
メモリ空間	92	【り】		ローテート	110
メモリバス	89			論理関数	63
メモリマップ	93	リタイミング	161	論理ゲート	68
メモリマップドレジスタ	95	リテラル	64	論理シフト	111
メモリマップド I/O	94	リングオシレータ	75		
【ゆ】		【れ】		【わ】	
有限集合	53	例外	173	和集合	54
有限状態機械	157	レイテンシ	18, 162	割込み	168
【よ】		レジスタ	5, 72	割込みイネーブル	170
		レジスタ・アドレス指定	11	割込み復帰命令	171
要素	53	レジスタ型		割込みフラグ	168
【ら】		インタフェース	95	割込みベクタ	171
ライトスルー	97			割込みマスク	170

【A】		CLA	105	empty set	53
		clock cycle per instruction		EPROM	89
absolute address	9		17	EUC	37
ALU	6, 115	COMET II	126, 176	exception	173
AND	68	complement	54	【F】	
arithmetic logic unit	6, 115	complex instruction			
ASCII	37	set computer	8	FF	73
assembler	3	CPI	17	FIFO	129
assembly language	3	CPU	2	finite state machine	157
【B】		CPU 時間	16	flash memory	89
		cross–bar switch	86	flipflop	73
barrel shifter	114	【D】		full adder	103
base address	10			【I】	
BCD	39	D フリップフロップ	78		
binary coded decimal	39	D ラッチ	76, 77	IEEE 754	44
bit	24	datapath	159	interleave	99
bus	82	direct memory access	97	intersection	54
byte	24	D–latch	76	IR	6
【C】		DMA	97	ISR	169
cache	97	DRAM	88	【J】	
carry lookahead adder	105	【E】		JIS 8 ビット	37
CASL II	126, 179	EEPROM	89	join	54
central processing unit	2	effective address	9		
CISC	8	element	53		

【L】

least significant bit	24
LIFO	129
literal	64
LSB	24

【M】

maxterm	64
mean time between failures	19
mean time to repair	19
meet	54
MFLOPS	18
microprogrammed control	7
million floating-point operations per second	18
million instructions per second	18
minterm	64
MIPS	18
mnemonic	3
most significant bit	24
MSB	24
MTBF	19
MTTR	19
multiplexor	82
MUX	82

【O】

OF	128
operand	3
operation code	3
OR	68
overflow flag	128

【P】

parallel	113
PC	6
pop	129
PR	6
PROM	88
proposition	56
push	129

【R】

RAM	87
reduced instruction set computer	8
register	72, 73
relative address	10
resistor	73
ring oscillator	75
ripple carry adder	104
RISC	8
ROM	87
rotate	110

【S】

selector	81
serial	113
set	53
SF	128
shift	110
Shift–JIS	37
sign flag	128
SR ラッチ	74
SRAM	87
SR–latch	74

【T】

three–state buffer	84
token ring	86
tri–state buffer	84

【U】

union	54
UV–EPROM	89

【V】

Venn diagram	56

【W】

wired logic control	7
word	2

【X】

XOR	68

【Z】

zero flag	128
ZF	128

【数字】

1 の補数	31
2 の補数	31
3 増しコード	39

―― 著者略歴 ――

吉川　雅弥（よしかわ　まさや）
2001年　立命館大学大学院理工学研究科博士後
　　　　期課程修了，博士(工学)
1998年　立命館大学第一号助手
2001年　立命館大学博士研究員
2004年　立命館大学講師
2007年　名城大学准教授
2012年　名城大学教授
　　　　現在に至る

泉　　知論（いずみ　とものり）
1998年　東京工業大学大学院理工学研究科博士
　　　　後期課程修了，博士(工学)
1998年　京都大学助手
2005年　立命館大学助教授
2007年　立命館大学准教授
2016年　立命館大学教授
　　　　現在に至る

コンピュータのしくみ
Mechanism of Computers

ⓒ Masaya Yoshikawa, Tomonori Izumi 2017

2017年 2 月27日　初版第 1 刷発行
2022年10月10日　初版第 4 刷発行

検印省略

著　者　吉　川　雅　弥
　　　　泉　　　知　論
発行者　株式会社　コロナ社
　　　　代表者　牛来真也
印刷所　三美印刷株式会社
製本所　有限会社　愛千製本所

112-0011　東京都文京区千石 4-46-10
発行所　株式会社　コロナ社
CORONA PUBLISHING CO., LTD.
Tokyo Japan
振替 00140-8-14844・電話(03)3941-3131(代)
ホームページ https://www.coronasha.co.jp

ISBN 978-4-339-02867-6　C3055　Printed in Japan　　　　（新井）

〈出版者著作権管理機構　委託出版物〉
本書の無断複製は著作権法上での例外を除き禁じられています。複製される場合は，そのつど事前に，
出版者著作権管理機構（電話 03-5244-5088，FAX 03-5244-5089，e-mail: info@jcopy.or.jp）の許諾を
得てください。

本書のコピー，スキャン，デジタル化等の無断複製・転載は著作権法上での例外を除き禁じられています。
購入者以外の第三者による本書の電子データ化及び電子書籍化は，いかなる場合も認めていません。
落丁・乱丁はお取替えいたします。

コンピュータサイエンス教科書シリーズ

(各巻A5判，欠番は品切または未発行です)

■編集委員長　曽和将容
■編集委員　　岩田　彰・富田悦次

配本順			頁	本体
1. (8回)	情報リテラシー	立花康夫／曽和将容／春日秀雄 共著	234	2800円
2. (15回)	データ構造とアルゴリズム	伊藤大雄 著	228	2800円
4. (7回)	プログラミング言語論	大山口通夫／五味弘 共著	238	2900円
5. (14回)	論理回路	曽和将容／範公可 共著	174	2500円
6. (1回)	コンピュータアーキテクチャ	曽和将容 著	232	2800円
7. (9回)	オペレーティングシステム	大澤範高 著	240	2900円
8. (3回)	コンパイラ	中田育男 監修／中井央 著	206	2500円
10. (13回)	インターネット	加藤聰彦 著	240	3000円
11. (17回)	改訂 ディジタル通信	岩波保則 著	240	2900円
12. (16回)	人工知能原理	加納政芳／山田雅之／遠藤守 共著	232	2900円
13. (10回)	ディジタルシグナルプロセッシング	岩田彰 編著	190	2500円
15. (2回)	離散数学 ―CD-ROM付―	牛島和夫 編著／相利雄／朝廣民一 共著	224	3000円
16. (5回)	計算論	小林孝次郎 著	214	2600円
18. (11回)	数理論理学	古川康一／向井国昭 共著	234	2800円
19. (6回)	数理計画法	加藤直樹 著	232	2800円

定価は本体価格+税です。
定価は変更されることがありますのでご了承下さい。

図書目録進呈◆